AF268127

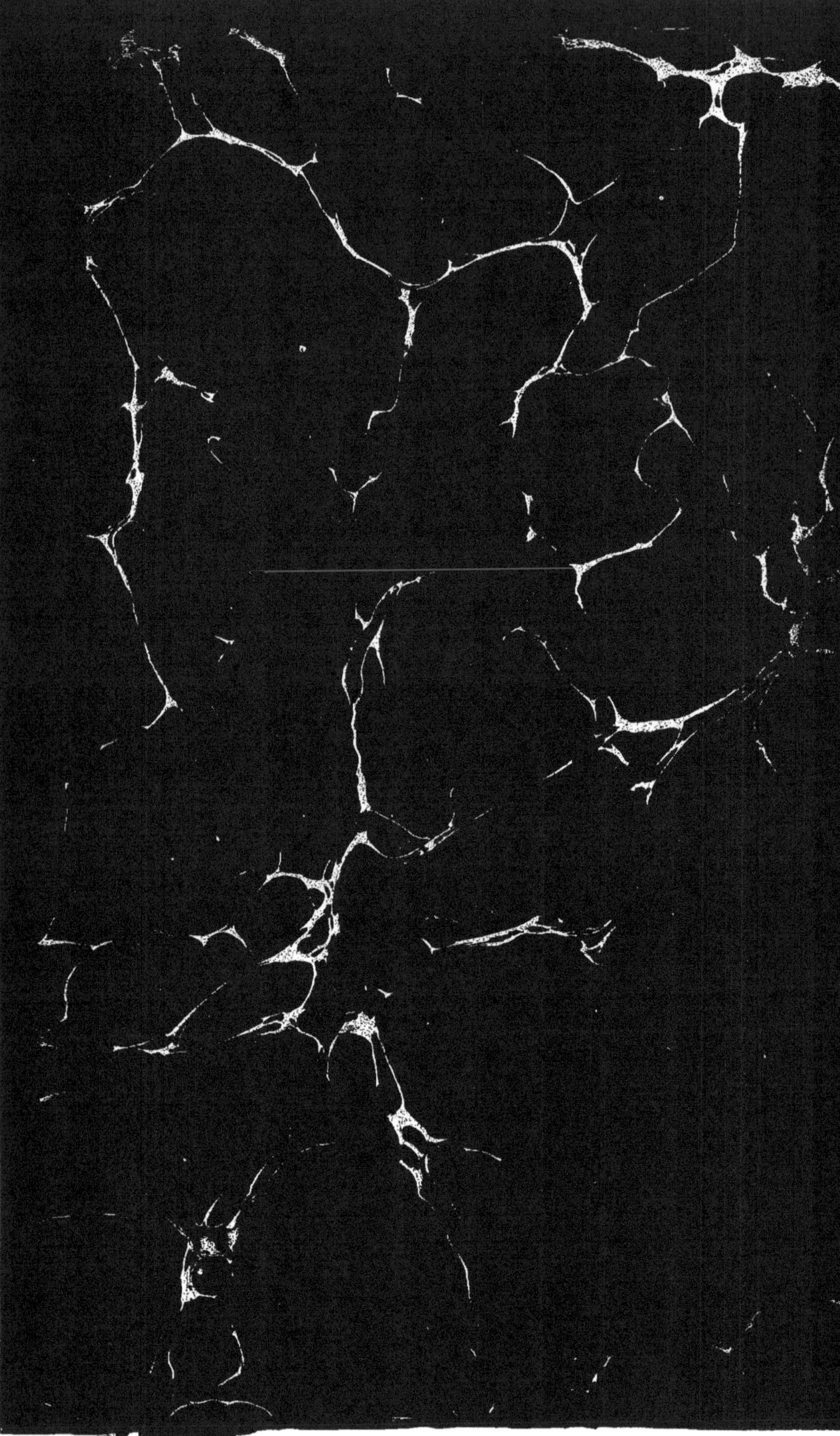

4° S
604

LES POUSSINS

DES

OISEAUX D'EUROPE

LES POUSSINS

DES

OISEAUX D'EUROPE

Recueil de 150 planches d'Oiseaux en duvet

PAR

MM. Armand et Albert MARCHAND.

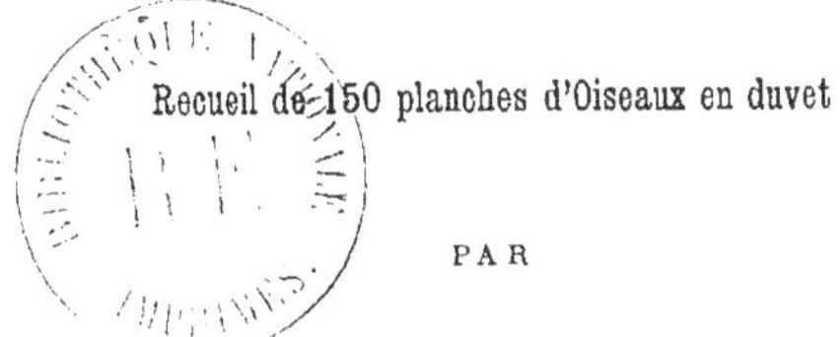

TOME PREMIER

Planches 1 à 75.

CHARTRES

IMPRIMERIE GARNIER

15, Rue du Grand-Cerf, 15

—

1883

AVANT-PROPOS

Les planches que nous réunissons ici ont été dessinées sous l'inspiration et avec le concours de notre bien regretté père, M. Armand Marchand ; nous les avons publiées pour le plus grand nombre dans la *Revue et Magasin de Zoologie*. Encouragés par les conseils bienveillants de M. Guérin-Méneville, nous commencions l'envoi de nos premières planches dès l'année 1863 et M. Deyrolle ayant continué à leur faire un aussi bon accueil, nous pûmes profiter de la publicité de la Revue Zoologique jusqu'en 1879, époque à laquelle cette publication s'est trouvée suspendue.

Nous présentons ici ces mêmes planches sur un plus grand format, ce n'est que le tirage à part annoncé dans la Revue et auquel renvoient les notes que nous y avons insérées ; seulement nous avons augmenté ces notes primitives de tous les renseignements que nous avons pu découvrir dans les ouvrages du petit nombre d'ornithologistes qui ont parlé des oiseaux à leur sortie de l'œuf. Malheureusement nos observations personnelles ne reposent pas sur un grand nombre de nichées et l'étude des poussins est relativement récente. Toutefois plusieurs auteurs ont constaté l'importance des conclusions à déduire de l'état des poussins lors de leur apparition dans la vie, et ils y ont vu des caractères d'une valeur assez considérable pour séparer la classe entière des oiseaux en deux grandes sous-classes. Ainsi le prince Charles Bonaparte a divisé les oiseaux en Altrices et en Præcoces, dans son *Conspectus systematis Ornithologiæ*. M. Ch.-R. Brec a préféré le nom d'*Hétérophages* pour les jeunes nourris dans le nid par leurs parents et celui d'*Autophages* pour les poussins plus ou moins capables de se nourrir par eux-mêmes dès leur sortie de l'œuf. Quelques naturalistes ont adopté l'une ou l'autre de ces divisions : cependant elles n'étaient pas sans présenter des exceptions, par suite desquelles on voyait éloignées les unes des autres des familles incontestablement voisines sous d'autres rapports.

Eclairé par cette initiative de ses prédécesseurs le professeur Carl Sundevall proposait en 1872, dans son *Methodi naturalis avium disponendarum tentamen,* de diviser la classe des oiseaux en deux groupes : I. Les *Psilopædes* (ψιλος, nu; παισ, poussin) ou Gymnopædes comprenant les familles dont les poussins sont dénudés avant la sortie des plumes et dont le duvet précurseur des plumes est chassé par elles et ne touche pas à la peau; II. Les *Ptilopædes* (πτιλον, duvet) ou Dasypædes, réunissant toutes les familles dont les poussins se couvrent, avant la sortie des plumes, d'un duvet épais et adhérent à la peau; ce groupe renferme à la fois les jeunes qui courent dès leur sortie de l'œuf, ceux qui naissant dénudés se couvrent de duvet peu de jours après leur naissance, et ceux qui éclosent couverts de véritables plumes après avoir passé dans l'œuf la phase en duvet.

Cette méthode du professeur Sundevall est considérée par M. de Sélys-Longchamps comme « un nouveau progrès acquis dans la répartition » des oiseaux en deux séries, » et le savant naturaliste belge s'est servi de sa haute autorité ornithologique pour donner l'analyse du Tentamen qu'il considère « comme le travail le plus important qui ait été publié » en dernier lieu sur la science ornithologique » *Discours sur la classification des Oiseaux depuis Linné,* Bruxelles, 1879).

La sous-classe des Ptilopædes répond exactement au programme que nous nous sommes tracé, et elle se borne en Europe aux quatre ordres des Accipitres, Gallinæ, Grallatores et Natatores, adoptés par Sundevall. Notre tâche est donc limitée aux *Poussins couverts de duvet,* et nous avons mis de côté les jeunes qui naissent dénudés, et se revêtent sans transition des plumes en tuyaux de la livrée de première année; ce plumage n'offre pas d'ailleurs le même intérêt de nouveauté puisqu'il se trouve décrit avec soin dans les manuels d'ornithologie.

Ces considérations ont démontré, croyons-nous, la nécessité de l'étude des poussins. L'avenir acceptera ou modifiera les propositions de Bonaparte ou de Sundevall, mais il ne nous appartient pas ici d'émettre des idées personnelles sur l'ensemble de la classification.

Notre publication a simplement pour but de contribuer à faire connaître les phases traversées par les oiseaux au début de leur existence et de fournir quelques renseignements qui n'avaient pas été rassemblés jusqu'ici au moins à notre connaissance. Elle trouvera une autre raison d'utilité en représentant par des figures durables de jeunes poussins soumis dans les collections à des détériorations rapides. En outre des obstacles inhérents à la première préparation, l'amateur voit avec regret les couleurs s'altérer, les sujets blancs se noircir, les pieds se déformer et certains duvets se feutrer, s'éclaircir ou même tomber définitivement,

Ces déformations des exemplaires conservées en collection a rendu plus
d'une fois notre tâche fort délicate et il nous a fallu tantôt tenir compte
du rétrécissement du bec et des pieds, tantôt vaincre nos scrupules
pour le choix des poses, la coloration des becs, des pieds, des iris ou des
parties dénudées. Les poussins dénichés par nous-mêmes et observés à
l'état vivant ont fourni des planches plus satisfaisantes, mais elles ne
sont que l'exception.

Nous nous sommes bornés aux poussins des Oiseaux d'Europe, parce
que le champ était encore assez étendu et que telles étaient les limites de
notre collection personnelle. Celle-ci, nous a fourni les espèces dont
l'authenticité nous a paru sérieuse; puis nous devons à la parfaite obligeance de plusieurs de nos collègues la communication d'espèces qui
nous manquaient. MM. Jules Vian, Louis Bureau, Jules Ray et le vicomte
de Rochebouët nous ont permis de donner les poussins de leurs collections et nous avons souvent mis à profit leurs précieuses observations;
nous les prions de recevoir ici le témoignage de notre sincère reconnaissance, bien que nous ayons toujours signalé leur gracieuseté dans le
texte des poussins qu'ils nous ont confiés.

Toutes les figures reproduisent les dimensions de la nature, à moins
d'une indication spéciale de leur proportion. Nous avons choisi le plus
jeune des exemplaires à notre disposition et nous avons indiqué le
nombre de jours pendant lesquels il a pu vivre, quelque vague que
puisse être cette appréciation à cause de la rapidité prodigieuse avec
laquelle les poussins croissent souvent pendant les premiers jours qui
suivent leur éclosion. Le petit bouton, appelé *marteau de la délivrance*,
parce qu'il est destiné à faciliter la rupture de la coquille, nous a plus
d'une fois servi à déterminer les âges, bien que ce petit appendice ne
soit pas toujours également visible ou durable suivant les espèces.

Nous avons mentionné la durée de l'incubation d'après les indications
des auteurs, parce qu'il existe un rapport évident entre le travail de
formation qui s'opère dans l'œuf et l'état de perfection des poussins au
moment de leur sortie de la coquille. Il y a des conclusions à déduire de
ces comparaisons comme de celles du développement des facultés dont
jouissent les jeunes oiseaux lors de leur éclosion. Ces facultés sont
d'ailleurs merveilleusement déterminées par les aptitudes nécessaires à
leur mode de nourriture et aux luttes auxquelles les exposent les climats
qu'ils habitent, les ennemis qui les entourent et l'attente plus ou moins
prolongée du produit des chasses de leurs parents.

Le nom latin inscrit au dessous des planches, est celui qui nous a
semblé le plus universellement connu et ne nécessitant pas de synonimie.
En tête de chaque notice se trouvent d'ailleurs le nom français de Tem-

minck, l'anglais d'Yarrell, l'allemand de Badeker et l'italien de Savi ;
lorsqu'une espèce n'est pas désignée par l'un de ces auteurs, nous avons
indiqué la source à laquelle nous avons puisé pour combler la lacune.

Un mot encore de reconnaissance pour le concours de MM. Guérin-
Méneville et Deyrolle qui ont mis à notre disposition la précieuse publicité de leur Revue. Un témoignage aussi de gratitude pour les encoura-
gements et les conseils de MM. de Sélys-Longchamps, Jules Vian, Gerbe,
d'Hamonville et de Givenchy qui ont le plus contribué par leur bienveil-
lance à nous empêcher de trop douter de nous-mêmes et d'interrompre
notre publication. Nous sommes tout prêts néanmoins à nous accuser
en toute franchise des erreurs et des imperfections de notre œuvre : elle
est le produit d'un travail accompli à la campagne et nous avons sans
cesse constaté les inconvénients de l'isolement et l'insuffisance de nos
connaissances physiologiques.

Nous n'avons eu qu'un désir, celui de présenter un faisceau de docu-
ments qui puissent être utiles à la solution de quelques-uns des pro-
blèmes ouverts sur l'ensemble de l'ornithologie et de faire ressortir la
part d'importance que les Poussins méritent légitimement dans l'étude
de la nature.

Berchères, juin 1883.

LISTE DES OUVRAGES CITÉS

ET DES

ABRÉVIATIONS EMPLOYÉES DANS LE TEXTE.

ALLÉON et Jules VIAN. — Des Migrations des Oiseaux de proie sur le Bosphore de Constantinople. (Extrait de la Revue et Magasin de Zoologie, 1869-1870.)

— Explorations ornithologiques sur les rives européennes du Bosphore. (Extrait de la Revue et Magasin de Zoologie, 1873.)

AUDUBON [J.-J.]. — Ornithological biography : or an account of the habits of the birds of the United states of America.

BADEKER [F.-W.-J.]. — (*Die Eïer Europ. Vogel.*) — Die Eier der Europaeischen Voegel nach der natur gemalth von F.-W.-J. Baedeker. Iserlohn, 1863.

BAILLY [J.-B.]. — (*Ornith. Sav.*) — Ornithologie de la Savoie ou Histoire des Oiseaux qui vivent en Savoie à l'état sauvage. Paris, 1853.

BENOIT [L.]. — Ornithologia Siciliana o sia catalogo ragionato degli uccelli che si trovano in Sicilia. Messina, 1840.

BETTONI [Eug.]. — Storia naturale degli uccelli che nidificano in Lombardia ad illustrazione della raccorda ornitologia dei fratelli Ercole ad Ernesto Turati scritta da Eugenio Bettoni, con tavole da O. Dressler. Milano, 1860-1867.

Bonaparte [Prince Ch.-L.]. — Conspectus systematis ornithologiæ.
Paris, Martinet. (Extrait des Annales des Sciences naturelles.)

Bouteille [Hipp.]. — (*Ornith. du Dauphiné.*) — Ornithologie du Dauphiné ou description des Oiseaux observés dans les départements de l'Isère, de la Drôme, des Hautes-Alpes et les contrées
voisines, par M. H. Bouteille et de Labatie. Grenoble, 1843.

Bree [Ch. R.]. — (*Birds of Eur.*). — A history of the Birds of Europe
not observed in the British isles. London, 1859.

Brehm [A.-E.]. — (*Vie des Animaux, édit. Z. Gerbe.*) — La Vie des
Animaux illustrée, description populaire du règne animal,
par A.-E. Brehm, édition française revue par Z. Gerbe. Paris.

Bureau [Docteur Louis]. — Bulletin de la Société Zoologique de France,
1876-1877.

— Association française pour l'avancement des sciences, année 1875.

— Mue du bec et des ornements palpébraux du Macareux arctique.
(Extrait du Bulletin de la Société Zoologique de France, année 1878.)

Companyo [Dr-L.]. — (*Hist. nat. des Pyr. Orient.*) — Histoire naturelle du département des Pyrénées-Orientales. Perpignan, 1861.

Crespon. — (*Ornith. du Gard.*) Ornithologie du Gard et des pays circonvoisins, par J. Crespon. Nîmes, 1840.

— Faune méridionale, ou description de tous les animaux vivants
ou fossiles. . . . . du midi de la France. Nîmes, 1844.

Cunningham [M. Robert O.]. — On the Solan Goose. (Ibis, 1866, p. 1.)

Degland [C.-D. —] Ornith. Eur.) — Ornithologie Européenne, ou Catalogue analitique et raisonné des oiseaux Observés en Europe.
Paris et Lille, 1849.

Degland et Gerbe (*Ornith. Eur.*) — Ornithologie Européenne, ou
Catalogue descriptif, analytique et raisonné des Oiseaux obser-
vés en Europe, deuxième édition, entièrement refondue, par
C.-D. Degland et Z. Gerbe. Paris, 1867.

Dressler. — (Voir Bettoni.)

Dubois. — (*Ois. de la Belgique.*) — Planches coloriées des Oiseaux de
la Belgique et de leurs œufs; suivi des Oiseaux de l'Europe non
observés en Belgique, par Ch.-F. Dubois et Alph. Dubois.
Bruxelles, 1854-1868.

Fallon [Baron F.]. — *Monog. des Ois. de la Belgique.*) — Monographie des Oiseaux de la Belgique, par le Baron Félicien Fallon. Namur et Paris, 1875.

Fairmaire [Edm.]. — Les Rapaces de France, étude ornithologique, précédée d'une introduction sur l'utilité de leur conservation. Châlon-sur-Saône, 1879. (Extrait des Mémoires de la Société des Sciences naturelles de Saône-et-Loire.)

Gerardin [Sébastien], de Mirecourt. — Tableau élémentaire d'Ornithologie, ou Histoire naturelle des Oiseaux que l'on rencontre communément en France. Paris, 1806.

Gerbe [Z.]. — (*Ornith. Eur.*) — (Voir Degland et Gerbe.)

Guillot [M.]. — *Cat. des Ois. de la Marne.*) — Catalogue analytique et raisonné des Oiseaux du département de la Marne, précédé d'une notice sur l'Ornithologie du département. (Mémoires de la Société des Sciences et Arts de Vitry-le-François, 1870.)

Ibis. — The Ibis a quarterly Journal of ornithology. London (published by Sclater and Newton.)

Jaubert [J.-B.] et Barthélemy-Lapommeraye. (*Richesses Ornith.*) — Richesses ornithologiques du midi de la France, ou description méthodique de tous les Oiseaux observés en Provence et dans les départements circonvoisins. Marseille 1859.

Journal hebdomadaire, *l'Acclimatation* (M. E. Deyrolle, directeur.)

Lacroix [Adrien]. — (*Catal. des Ois. observés dans les Pyrénées.*) — Catalogue raisonné des Oiseaux observés dans les Pyrénées françaises et les régions limitrophes. Toulouse et Paris, 1873-1875.

La Fontaine [A. de]. — Faune du pays de Luxembourg, ou Manuel de Zoologie contenant la description des animaux vertébrés observés dans le pays de Luxembourg. Luxembourg, 1865.

Lemetteil [E.]. — (*Cat. des Ois. de la Seine-Inférieure.*) — Catalogue raisonné, ou Histoire descriptive et méthodique des Oiseaux de la Seine-Inférieure. Rouen, 1874.

Lescuyer. [M.-F.]. — (*Héronnière d'Ecury.*) — Le Héron gris et la Héronnière d'Ecury-le-Grand. Caen, 1869. (Extrait de l'Annuaire de l'Institut des Provinces, année 1869.)

Loche. Catalogue des Mammifères et des Oiseaux observés en Algérie, par le capitaine Loche. Paris, 1858.

MALHERBE [Alfred]. (*Faune ornith. de la Sicile.*) — Faune ornithologique de la Sicile. Metz, 1843.

— Faune ornithologique de l'Algérie. — (Extrait du Bulletin de la
Société d'Histoire naturelle du département de la Moselle.
Metz 1855.)

MARCHAND [Armand]. — (*Cat. des Ois. d'Eure-et-Loir.*) — Catalogue
des Oiseaux observés dans le département d'Eure-et-Loir. Paris,
1865. (Extrait de la Revue et Magasin de Zoologie.)

MARCHAND [M.]. — Bulletin des Sciences, publié par la Société Philo-
matique, tome IIIᵉ. (Rapport de M. E. Geoffroy.) Paris, 1802.

MARCHANT (Dʳ L.). — (*Cat. des Ois. de la Côte-d'Or.*) — Catalogue des
Oiseaux observés dans le département de la Côte-d'Or. Dijon,
1869. (Extrait des Mémoires de l'Académie de Dijon, tome XV,
1868.)

MÈVES. — (Oiseaux du Jemtland). — Contributions à l'Ornithologie du
Jemtland, par M. W. Mèves, traduction de M. Alph. Gaillard.
(R. Z., 1864, p. 97.)

MONTESSUS [M.-F.-B. de]. — Mémoires de la Société des Sciences naturelles de Saône-et-Loire. Châlon-sur-Saône.

— Journal *l'Acclimatation*, année 1875.

MORRIS [The Rev.]. — (*Hist. of Brit. Birds.*) — A history of British
Birds. London.

PALLAS [Petrus]. — (*Zoog. Ross. Asiat.*) — Zoographia Rosso-Asiatica,
sistens omnium animalium in extenso imperio rossico et adja-
centibus maribus observatorum recensionem, etc. Petropoli
(1811) 1831.

— Voyages de M. P.-S. Pallas, en différentes provinces de l'empire
de Russie et dans l'Asie septentrionale, traduits de l'allemand
par M. Gauthier de la Peyronie. Paris, 1788.

PUCHERAN [Dʳ]. — Étude sur les types peu connus du Musée de Paris.
(Revue et Magasin de Zoologie. 1849-1853.)

RAY [Jules]. — Catalogue de la Faune de l'Aube, ou liste méthodique
des animaux vivants et fossiles, sauvages ou domestiques, qui
se rencontrent..... dans cette contrée de la Champagne.
Troyes, 1843.

REVUE ZOOLOGIQUE. — (*Rev. Zool.* ou *R. Z.*) — Revue et Magasin de
Zoologie pure et appliquée, recueil mensuel fondé par M. F.-E.
Guérin-Méneville, et dirigé depuis 1870 par M. E. Deyrolle.

Savy [P.]. — (*Orn. Ital.*) Ornitologia Italiana opera postuma del prof. Paolo Savi. Firenze, 1873.

— Ornitologia Toscana. Pisa, 1827-1831.

Sélys - Lonchamps [Baron Edmond de]. — Sur la classification des Oiseaux depuis Linné, discours prononcé le 16 décembre 1879. Bruxelles, 1879.

(*Stor. degl. Uccel.*) — Storia naturale degli Uccelli trattata con methodo e adornata di figure intagliate, etc. Firenze, 1747.

Sundevall [Carl J.]. — Methodi naturalis avium disponendarum tentamen. Stockholm, 1872.

Temminck [J.-C.]. — Manuel d'Ornithologie ou tableau systématique des Oiseaux qui se trouvent en Europe, etc. Paris, 1820-1840.

Uccelli in Lomb. — (Voir Bettoni.)

Vian (Jules). — Extraits du Bulletin de la Société Zoologique de France, années 1876-1878.

— Gauseries ornithologiques. (Extraits de la Revue et Magasin de Zoologie, 1866-1874.)

— et Alléon. — Migrations des Oiseaux sur le Bosphore. (Voir Alléon.)

Vieillot [L.-P.]. — Ornithologie française, ou Histoire naturelle, générale et particulière des Oiseaux de France. Paris, 1823.

Yarrell [William]. — A history of British Birds; third edition. London, 1856.

TABLE MÉTHODIQUE.

(Classification de l'Ornithologie Européenne de MM. Degland et Gerbe.)

Revue et Mag. de Zoologie. (1863).

Pl. 3.

Alb. Marchand del. et Lith.

Imp. J. Langlois fils, à Chartres

Recurvirostra Avocetta.

(Revue et Mag. de Zoologie, 1863, pl. 3.)

RECURVIROSTRA AVOCETTA, Linn.

AVOCETTE A NUQUE NOIRE.

Avocet. — Avosett-Säbler. — Monachina.

Duvet très-long et fort soyeux, d'un blanc faiblement teinté de gris perle, trop foncé dans notre planche de la *Revue Zoologique*. Dessus de la tête et dos semés de taches brunes; une bande étroite brune partant du bec et allant se confondre au sommet du vertex avec une calotte tachetée; un point brun en avant de l'œil et une bande en arrière; un trait brun partant de chaque côté de la mandibule supérieure interrompu avant d'atteindre la petite tache qui se trouve en avant de l'œil; une large bande régnant sur les flancs, de l'aile à la naissance de la queue. Le bec déjà sensiblement retroussé, et les doigts antérieurs réunis par une membrane échancrée ne laissent aucun doute sur l'identité de ce poussin, qui n'a dû vivre que quelques jours.

L'Avocette se reproduit dans les vastes étangs salés de notre littoral méditerranéen, particulièrement dans la Camargue; elle dépose ses œufs sur le sable ou sur la vase desséchée des marais; sa ponte est de deux œufs, rarement de trois. Le père et la mère couvent alternativement pendant dix-sept ou dix-huit jours, et, presque immédiatement après l'éclosion, ils conduisent leurs petits dans un endroit où ils puissent se cacher.

Revue et Mag. de Zoologie (1863).   *Pl. 4.*

Alb. Marchand del. et Lith.   Imp. J. Langlois fils, à Chartres.

Phalaropus Hyperboreus.

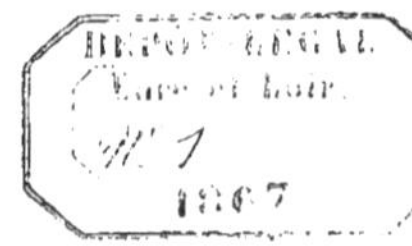

(Revue et Mag. de Zoologie, 1863, pl. 4.)

PHALAROPUS HYPERBOREUS, Lath.

PHALAROPE HYPERBORÉ.

RED-NECKED PHALAROPE. — BREITSCHNÄBLIGER WASSERTRETER. — FALAROPO IPERBOREO.

Duvet long, laineux à la base et filiforme à l'extrémité. Tête et dos d'un fauve orangé foncé; épine dorsale accusée par une bande brune, bordée de deux raies jaunâtres, contiguës elles-mêmes à deux larges bandeaux noirs; calotte occipitale noire avec une bande rousse au centre; un mince filet brun entre le bec et l'œil, s'élargissant au delà de l'œil; ventre blanc; dessous de la queue et flancs noirâtres. Les doigts, bordés d'une membrane découpée en formes de lobes, prouvent que ce poussin est un Phalarope, et le bec grêle désigne l'hyperboré; il est âgé de deux ou trois jours, et nous a été envoyé d'Islande par le docteur Krüper. L'aspect général de ce poussin le rapprocherait de ceux des Chevaliers.

Cet échassier niche sur les plages herbues des lacs d'Islande et de Laponie, sa ponte est de trois ou quatre œufs, déposés dans un nid soigneusement matelassé de mousses et de brins d'herbes. Les petits sortent du nid aussitôt qu'ils sont éclos pour courir et nager avec une égale agilité; leurs parents ont grand soin d'eux et la mère pousse un cri pour les rassembler et les protéger sous ses ailes comme le ferait une poule domestique.

Revue et Mag. de Zoologie. (1863).

Pl. 9.

Alb. Marchand, del. et Lith.

Imp. J. Langlois fils, à Chartres.

Tetrao Lagopus.

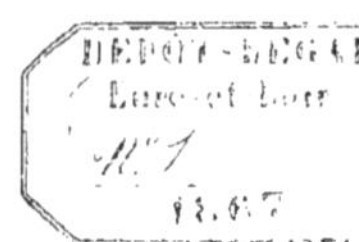

(Revue et Mag. de Zoologie, 1863, pl. 9.)

TETRAO LAGOPUS, Linn.

(LAGOPUS MUTUS, Leach ex Martin. — TETRAO ALPINUS, Nilsson.)

TÉTRAS PTARMIGAN.

PTARMIGAN. — NORWEGISCHES SCHNEEHUHN. — PERNICE DI MONTAGNA.

Duvet court, laineux, épais; d'un gris verdâtre dans l'ensemble et rougeâtre sur le dos et les ailes, avec de nombreuses taches noires; une tache occipitale brun rouge s'étend jusqu'au bas du cou, elle est bordée de bandes noires qui se réunissent en pointe et se prolongent jusqu'au bec; pieds abondamment garnis de poils, doigts épais; les plumes des ailes apparaissent peu de jours après l'éclosion et présentent un dessin tapiré de noir et de blanc sur un fond lavé de roussâtre. Le vertex des poussins du genre Tétras nous a présenté des caractères d'après lesquels il est facile de les distinguer, et nous avons disposé une planche (*R. Z.*, 1868, pl. II, et Pouss., pl. LXXVI), destinée à faire ressortir ces différences que nous indiquerons alors plus spécialement. La teinte verte de ce Poussin disparaît lorsqu'il est conservé en collection; celui que nous avons dessiné nous a été envoyé de Baréges, il peut avoir vécu deux ou trois jours.

Les Tétras nichent et passent l'été à l'altitude des neiges; pendant l'hiver ils descendent dans les régions intermédiaires des montagnes. Le nid est caché au pied d'une grosse pierre ou sous un arbrisseau épais, il se compose d'une petite excavation tapissée de quelques feuilles sèches. La ponte, qui est souvent indiquée comme étant de sept à quinze œufs, ne dépasserait jamais huit à dix œufs d'après M. l'abbé Caire (*R. Z.*, 1854, p. 695). Selon M. Bailly les petits éclosent vers le vingt-troisième ou le vingt-quatrième jour de l'incubation, et ils saisissent de petits insectes quelques heures après leur

naissance, buvant fréquemment les petites gouttes de rosée qui
pendent aux feuilles.

M. Mèves a décrit ce Poussin (*R. Z.,* avril 1864). Nous trouvons
dans le grand ouvrage de Bettoni (*Uccelli in Lombardia,* tav. 82) une
planche représentant le Ptarmigan accompagné de ses poussins; cet
auteur cite comme très-caractéristique la tache triangulaire du vertex
chez cet oiseau en duvet.

Revue et Mag. de Zoologie.(1863).

Pl. 10.

Alb. Marchand, del. et lith.

Imp. J. Langlois fils, à Chartres.

Alca Torda.

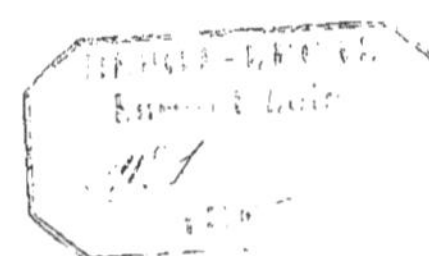
EURE-ET-LOIR

(*Revue et Mag. de Zoologie*, 1863, pl. 10.)

ALCA TORDA, Linn.

PINGOUIN MACROPTÈRE.

RAZOR-BILL. — TORD-ALK. — GAZZA MARINA.

Duvet court, laineux, très-épais, d'un gris cendré uniforme sur la tête et le ventre ; manteau et flancs des cuisses d'un brun plus foncé. Le bec caractérise ce poussin d'une façon irrécusable ; nous l'avons reçu des côtes de Bretagne ; il devait être éclos depuis quatre ou cinq jours au plus, car le bec porte encore le bouton destiné à briser la coquille, appendice qui a déjà disparu chez un autre exemplaire qui n'est pas beaucoup plus fort et chez lequel le gris de la tête et le brun du dos sont faiblement pointillés de brun noir.

Le Pingouin Macroptère se reproduit sur nos côtes de France ; il se réunit en bandes nombreuses pour nicher dans des crevasses de rochers composant le plus souvent des îlots éloignés du rivage ; sa ponte est d'un seul œuf d'une énorme dimension. Ce poussin reste inerte dans les premiers jours de son existence ; nous l'avions dessiné debout par ignorance de sa véritable pose, mais il n'est pas admissible qu'il puisse parcourir à terre la moindre distance, puisque les adultes ne marchent eux-mêmes qu'avec difficulté. Cependant les jeunes gagnent la mer longtemps avant de pouvoir voler, et un certain nombre se blessent ou se tuent en se précipitant du haut des rochers. Yarrell donne la vignette d'un duvet *British Birds*.

M. Vian fait remarquer dans ses *Causeries ornithologiques* (1876), que les poussins des Guillemots et des Pingouins sont entièrement vêtus, même sur la face, d'un duvet court, surtout à la tête, laineux, très-épais, solide et très-adhérent à la peau, et qu'ils sont en cela différents des poussins des Macareux et des Puffins, très-voisins entre eux par leur face nue et leur duvet très-long et peu adhérent à la peau.

Revue et Mag. de Zoologie. (1863).

Pl. 16.

Alb. Marchand, del. et Lith.

Imp. J. Langlois fils, à Chartres.

Hæmatopus Ostralegus.

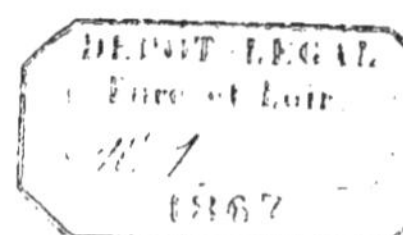
DÉPOT LÉGAL
Eure et Loir
N° 1
1867

(*Revue et Mag. de Zoologie*, 1863, pl. 16.)

HÆMATOPUS OSTRALEGUS, Linn.

HUITRIER PIE.

Oyster-Catcher. — Schwarzbunter Austerfischer. — Beccaccia di mare.

Duvet épais, portant à son extrémité des houppes grisâtres; tête et parties supérieures d'un gris barré de noir; une bande descend de l'occiput sur le milieu du cou; deux bandes noires séparées sur le dos se réunissent en V très-fermé à la naissance de la queue; parties inférieures d'un blanc pur; une bande noire, limitant le blanc, s'étend sur les flancs depuis les ailes jusqu'à la queue; bec noirâtre et pieds jaunâtres; d'après une peau que nous avons reçue de Gottland; ce jeune avait été capturé le 11 juin, et devait avoir vécu sept à huit jours; aussi avons-nous tenu notre planche d'une proportion un peu plus faible que cet exemplaire.

Les huitriers nichent dans les herbes des dunes, ou à découvert sur des plages desséchées des bords de la mer; la ponte est de deux ou trois œufs, rarement de quatre.

Les jeunes éclosent au bout d'environ trois semaines et sont conduits par leur mère; ils nagent et plongent parfaitement, ils peuvent même courir sous l'eau pendant quelque temps (Brehm, *Vie des Animaux*). Ils courent, dit Morris, aussitôt qu'ils sont éclos et sont très-actifs; si on les poursuit, ils cachent leur tête dans le premier trou qu'ils rencontrent, et semblent penser, comme l'Autruche, que, s'ils ne vous voient pas, vous ne pouvez les voir. (*Hist. of British birds.*)

Revue et Mag. de Zoologie, (1863).   Pl. 17.

Alb. Marchand, del. et Lith.   Imp. J. Langlois fils, à Chartres.

Anas Penelope.

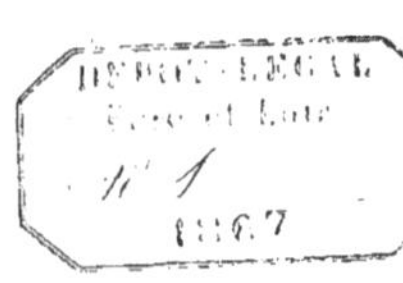

(*Revue et Mag. de Zoologie*, 1863, pl. 18.)

ANAS PENELOPE, Linn.

CANARD SIFFLEUR.

WIGEON. — PFEIF-ENTE. — FISCHIONE.

Duvet très-épais, foncé à la base, terminé par des soies longues, fines, un peu roides, plus claires que la fourrure du dessous ; cette nature de duvet est la même chez tous les jeunes canards, et la plupart portent quatre taches arrondies, plus claires que le dos et disposées symétriquement deux par deux sur les côtés des parties supérieures ; ces taches sont plus ou moins apparentes suivant les espèces, quelquefois elles ne sont pas sensibles. Le poussin du Siffleur est d'un brun olivâtre, plus foncé sur les parties supérieures, rougeâtre sur les côtés de la tête ; le dessous du cou et le ventre sont jaunâtres ou faiblement verdâtres quand la peau est fraîchement préparée. Le poussin que nous avons reproduit est de cinq à six jours ; nous l'avons reçu d'Allemagne. M. Mèves parle du jeune Siffleur (*R. Z.*, avril 1864).

Le Siffleur niche dans le nord de l'Europe, rarement en France ; il cache son nid dans les herbes des marais et y dépose huit à dix œufs. Le nid est à terre et garni à l'intérieur du duvet provenant du ventre de la mère ; les jeunes nagent et cherchent leur nourriture dès leur naissance comme ceux de toutes les espèces d'*Anatidés*.

Nous avons vu, sur une pièce d'eau du château de Pescheré (Sarthe), une nichée de métis du Siffleur et du Canard Mignon ; les mâles devenus adultes portaient un plumage très-élégant, ils n'ont pas eu de postérité.

Revue et Mag. de Zoologie (1863).   Pl. 22.

Alb. Marchand, del et Lith.   Imp. J. Langlois fils. à Chartres.

Buteo vulgaris.

(Revue et Mag. de Zoologie, 1863, pl. 22.)

BUTEO VULGARIS, Linn.

BUSE COMMUNE.

Common Buzzard. — Mäuse-Busard. — Falco Cappone.

Duvet clair, laineux à la base, soyeux à l'extrémité, d'un cendré grisâtre, plus pâle en dessous ; la tête couverte de soies très-longues ; une tache occipitale blanche, très-visible et persistante jusqu'au jour où l'oiseau est revêtu de sa livrée emplumée. Parties dénudées jaune pâle ; bec noir, cire et pieds jaunes.

Nous avons reçu des forêts du Port-Brillet (Mayenne) cinq nids dans chacun desquels il y avait deux petits de tailles fort différentes ; deux poussins d'une quinzaine de jours provenant d'un même nid avaient l'un $0^m 33$ de dimension du bec à l'extrémité de la queue, l'autre $0^m 17$ seulement. Le duvet était d'un gris plus foncé et rayé transversalement sous le ventre chez les poussins les plus âgés ; tous avaient la tache de l'occiput très-apparente. Nous avons dessiné la plus jeune de ces Buses ; elle était vivante et âgée de quatre ou cinq jours ; elle se tenait couchée ou assise sur les coudes et ne pouvait se mouvoir ; la proportion de la planche est des trois quarts de la nature et la lithographie rend le duvet trop foncé dans notre planche de la *Revue Zoologique.*

M. Mèves a décrit la jeune Buse (*R. Z.*, avril 1864). L'inégalité de la taille chez l'un des poussins de la nichée des jeunes Buses a été signalée par M. Lemetteil dans son *Catalogue des Oiseaux de la Seine-Inférieure.* Bettoni donne une planche remarquable de poussins déjà très-gros, âgés d'une quinzaine de jours (*Uccelli in Lomb.*, t. XLII).

La Buse construit sur les arbres élevés des bois un nid assez considérable formé de menues branches, le plus souvent elle choisit un nid abandonné de geai ou de corbeau et le recharge de quelques nouveaux matériaux ; elle dispose à l'intérieur de la laine ou de petites branches fines et se sert souvent du même nid plusieurs années de suite. La ponte est de deux à quatre œufs. L'éclosion a lieu dans la Mayenne vers la première quinzaine de mai.

Revue et Mag. de Zoologie (1863).

Pl. 23.

Alp. Marchand, del. et Lith.

Imp. J. Langlois fils, à Chartres.

Fuligula Ferina.

(Revue et Mag. de Zoologie, 1863, pl. 23.)

FULIGULA FERINA, Linn.

CANARD MILOUIN.

Pochard. — Tafel-Ente. — Moriglione.

Dessus de la tête et dos d'un brun olivâtre foncé ; joues, cou, poitrine et ventre jaune verdâtre clair. Ce poussin est facile à distinguer de celui du Milouinan par les taches d'un jaune plus clair placées sous l'aile et à la naissance de la queue, et aussi par le jaune pâle qui entoure les yeux, tandis que chez le Milouinan une tache plus foncée s'étend entre le bec et l'œil. Lorsque le jeune Milouin est vivant, le bec est bleu de corne ; la pointe du bec et les bords des mandibules sont couleur de chair ; les pieds d'une proportion énorme, comme chez tous les poussins, sont bleu de corne et les doigts accompagnés, sur les palmures, de bandes verdâtres ; ces bandes sont aussi visibles chez les jeunes fuligules que chez les adultes. La croissance est très-rapide après la sortie de l'œuf ; l'exemplaire dessiné est de trois jours.

Pendant cinq à six années, plusieurs paires de Milouins ont niché autour d'une pièce d'eau dépendant de notre habitation à Berchères (Eure-et-Loir) ; ils commençaient à couver dans la première quinzaine de mai, et l'incubation était de trente jours. Nous n'avons pas eu plus de neuf œufs dans un même nid, tandis qu'à l'état sauvage la ponte serait de douze à quinze œufs ; les nids étaient à terre et chaudement garnis du duvet dont se dépouillait la femelle. Les appareils sexuels sont très-distincts, pour le préparateur qui dépouille ces jeunes oiseaux dès les premiers jours de leur existence.

Les Milouins qui se reproduisaient chaque année sous nos yeux de 1861 à 1867 avaient formé une bande d'une trentaine d'individus ; ils sont devenus inféconds, la dernière des femelles est morte depuis

plusieurs années et il ne nous reste plus en janvier 1878 que sept
mâles ayant au moins une dizaine d'années; nous avons conservé un
mâle sur la même pièce d'eau de 1839 à 1857, et un autre antérieurement pendant vingt-cinq ans.

Revue et Mag. de Zoologie. (1864).   Pl - 1.

Alb. Marchand. del. et Lith.   Imp. J. Langlois fils, à Chartres

Podiceps Minor.

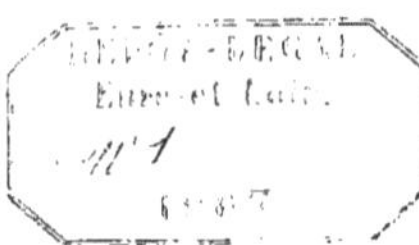

(Revue et Mag. de Zoologie, 1864, pl. 1.)

PODICEPS MINOR, Lath.

GRÈBE CASTAGNEUX.

LITTLE GREBE OR DABCHICK. — KLEINER TAUCHER. — TUFFETTO.

Duvet fin, soyeux, brillant; tête, devant du cou et parties supérieures d'un noir foncé, sur lequel se détachent quelques bandes longitudinales d'un roux vif; un petit espace blanc à la naissance du bec, et plusieurs traits blancs sur les côtés de la tête et sous la gorge; ventre soyeux, lustré, d'un blanc d'argent. Le bouton du bec de ce poussin est apparent, nous le supposons âgé de deux ou trois jours; le bec, blanchâtre en collection, indique pour l'état vivant une coloration claire que nous ne saurions préciser. En grossissant, le poussin devient brun en dessus et le ventre est d'un blanc pur; les bandes du dos restent brunes et les bandes du devant du cou blanches.

Les Castagneux construisent un nid flottant au milieu des joncs et des roseaux; la ponte est de cinq ou six œufs, d'abord blancs, mais dont les teintes deviennent plus foncées suivant le degré d'incubation qui dure de vingt à vingt et un jours. D'après M. Bailly, les petits en éclosant sautent les uns après les autres hors du nid et tombent dans l'eau, où toute la petite famille plonge et nage avec agilité, pour chercher le frai et les petits insectes qui forment leur première pâture. M. Morris ajoute que pour éviter le danger ils plongent avec une facilité et une confiance qui sembleraient dénoter une longue pratique.

Revue et Mag. de Zoologie. (1864). Pl.-2.

Alb. Marchand, del. et lith. Imp. J. Langlois fils, à Chartres.

Scolopax Gallinago.

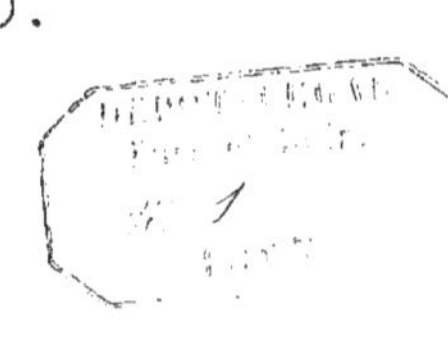

(*Revue et Mag. de Zoologie*, 1864, pl. 2.)

SCOLOPAX GALLINAGO, Linn.

BÉCASSINE ORDINAIRE.

COMMON SNIPE. — GEMEINE SUMPFSCHNEPFE. — BECCACCINO REALE.

Le duvet des jeunes bécassines est terminé par de petits plumets blancs qui caractérisent aussi les jeunes bécasseaux. L'ensemble de ce poussin est rouge brique, vif et uniteinte en dessus, plus pâle sous le ventre ; le rouge est semé de taches noires ; la base du duvet est d'un noir profond qui reparaît au milieu des couleurs vives de l'extrémité ; la tête, le dos et les ailes sont semés de petites houppes cotonneuses d'un blanc pur. Les régions du bec et des yeux, blanchâtres, sont traversées de taches noires, reliant le bec à l'œil et surmontant la naissance du bec. Nous nous sommes servis pour notre planche d'une dépouille reçue d'Écosse, qui peut avoir vécu trois ou quatre jours.

Quelques individus se propagent dans les marais du centre de la France ; la ponte est de quatre ou cinq œufs, et le nid est construit à terre sur une touffe d'herbe, ou sous quelque grosse racine ; il est composé d'herbes sèches et garni de plumes à l'intérieur. La ponte a lieu en avril, l'incubation dure quinze à dix-sept jours, et les deux parents se chargent de conduire leurs petits dans les hautes herbes où ils savent parfaitement se cacher ; au bout de huit à dix jours les poussins sont couverts de plumes et après quelques semaines ils commencent à voleter (Brehm, *Vie des Animaux*).

Yarrell donne une vignette du poussin de la Bécassine ordinaire (*Hist. of Birds*, 1856).

Revue et Mag. de Zoologie, (1864).

Pl. 3.

Alb. Marchand. del et litho.

Imp. J. Langlois, a Chartres.

Anas Acuta.

(Revue et Mag. de Zoologie, 1864, pl. 3.)

ANAS ACUTA, Linn.

CANARD PILET.

Pintail Duck. — Spiess-Ente. — Codone.

Dessus de la tête et dos bruns, nuque brun roussâtre, joues et sourcils gris ; une bande brune entre le bec et l'œil, se prolongeant au delà de l'œil ; une tache brune sur le côté du cou ; côtés du cou et ventre blancs ; deux bandes blanches traversant les ailes, et se confondant sur le dos avec deux des quatre taches arrondies ; les autres taches rondes sont également blanches et placées sur le croupion. Nous avons dessiné notre planche d'après un exemplaire de cinq à six jours, que nous avons reçu d'Arkangel.

Le Pilet niche quelquefois dans le centre de la France, sur le bord des étangs, parfois dans les champs de céréales ; sa ponte est de huit ou neuf œufs. Le nid est composé de pailles, de joncs et d'herbes solides ; la femelle s'arrache journellement des plumes pour recouvrir ses œufs, et si ses petits sont en danger elle fait l'estropiée pour détourner l'attention de l'ennemi.

Nous avons élevé, sur une pièce d'eau, plusieurs métis de Pilet ♂ et de Canard Mignon ♀ ; l'incubation commença vers le 27 mai et l'éclosion eut lieu le 23 juin ; sept petits ressemblaient au Pilet, un huitième était d'une couleur plus pâle. Un mâle de ces métis s'étant accouplé avec une femelle de Canard Mignon, nous obtînmes trois nouveaux métis qui, tout en ayant conservé du Pilet les formes élégantes, les raies blanches du cou et les filets de la queue, s'étaient rapprochés du Canard sauvage mâle par une tête verte et une poitrine rougeâtre. Tous les autres accouplements de ces métis demeurèrent inféconds.

Revue et Mag. de Zoologie.(1864). Pl. 4.

Al.d Marchand, del et lith.   Imp J Langlois, à Chartres

Gallinula Porzana.

(Revue et Mag. de Zoologie, 1864, pl. 4.)

GALLINULA PORZANA, Lath.

POULE-D'EAU MAROUETTE.

Spotted Crake. — Punktirtes Rohrhuhn. — Voltolino.

Duvet très-long, soyeux et brillant, d'un noir profond à reflets bleus et métalliques; bec noir à la pointe et jaunâtre à la base chez l'oiseau desséché; bouton placé sur une tache d'un blanc d'ivoire nettement dessinée sur le noir de la mandibule supérieure; une étroite bande noire traversant les deux mandibules sur la partie jaunâtre. Nous n'avons pas vu ce poussin vivant, et si nous lui avons mis le bec rouge, c'est parce que la dépouille conservait quelque trace de cette couleur [1]. Les pieds ne paraissant pas avoir été noirs, nous les avons supposés verts comme chez les oiseaux en premier plumage; d'après un exemplaire de deux ou trois jours, reçu tout monté d'Allemagne, nous croyons à son identité parce que nous possédons les jeunes des espèces voisines.

La Marouette niche dans les parties les plus épaisses des marais, plus fréquemment dans le midi que dans le nord. D'après M. Bouteille, son nid est flottant et amarré à des roseaux par l'une de ses extrémités; sa ponte est de dix à douze œufs. Les jeunes nagent peu de temps après leur éclosion. Nous trouvons dans Bettoni (*Uccelli che nidif. in Lombard.*, tav. 83) une planche dont les poussins sont pleins d'agilité et recouverts de plumes naissantes.

---

[1] MM. Bailli, Gerbe et Morris disent que les Marouettes ont en naissant le bec noir avec la base et la pointe rouges.

Revue et Mag. de Zoologie. (1864).   Pl. 7.

Charadrius Pluvialis.

(*Revue et Mag. de Zoologie*, 1864, pl. 7.)

CHARADRIUS PLUVIALIS, Linn.

PLUVIER DORÉ.

GOLDEN PLOVER. — GOLD-REGENPFEIFER. — PIVIERE.

Les parties supérieures couvertes d'un duvet formé de petites houppés construites comme des plumes, c'est-à-dire composées d'une tige centrale avec ramures laineuses ; le duvet du centre est fin et allongé ; les deux natures de duvet sont surmontées par des fils noirs et déliés. Tête, dos et dessus des cuisses d'un beau jaune doré, entièrement parsemé de taches noires ; gorge, ventre et dessous de la queue d'un blanc pur ; duvet de la poitrine noir à la naissance, blanc à l'extrémité ; le dessus du cou, plus blanchâtre que le vertex et le dos, rappelle le collier qui caractérise la nuque des poussins chez les pluviers et les vanneaux ; bec noir et pieds bruns chez l'oiseau en collection. Le jeune Pluvier doré présente les teintes vives de l'adulte, ce qui est assez exceptionnel chez les poussins pour être digne de remarque, et ne laisse nul doute sur l'attribution de l'espèce. Notre planche est faite d'après une dépouille de sept à huit jours, provenant d'Écosse.

Le Pluvier doré niche dans le nord de l'Europe, sur des plaines humides suivant les uns, et sur des terrains secs d'après d'autres auteurs ; lors de ses deux passages en Beauce, il séjourne sur les terres les plus arides ; il se reproduit assez souvent par familles dans les bruyères de l'Allemagne et même des Ardennes (M. de Lafontaine, *Faune du Luxembourg*), seulement il choisirait des localités avoisinant des marais. La ponte est de quatre ou cinq œufs qui sont grands par rapport à la taille de l'oiseau ; ils sont déposés sur le sol à peine creusé et recouverts d'un peu d'herbe ; l'incubation durerait dix-sept jours. Les poussins quittent le nid aussitôt qu'ils sont éclos pour

chercher de petits insectes, mais ils passent la nuit sous l'aile de leur
mère; ils sont capables de voler dans le cours d'un mois ou cinq
semaines.

M. Mèves a décrit ce poussin dans ses observations sur les oiseaux
du Jemtland. (*Rev. Zool.*, avril 1864.)

Revue et Mag. de Zoologie.(1864).   Pl. 8.

Alb. Marchand, del. et Lith.   Imp. J. Langlois, à Chartres

Falco Subbuteo.

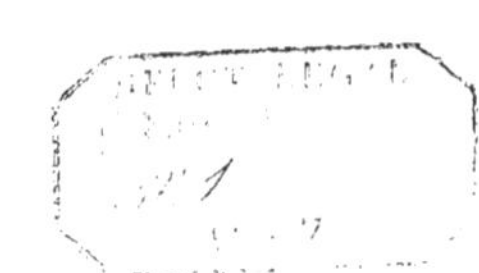

(*Revue et Mag. de Zoologie*, 1864, pl. 8.)

FALCO SUBBUTEO, Linn.

FAUCON HOBEREAU.

HOBBY. — LERCHEN-FALK. — LODOLAJO.

Duvet blanc, extrêmement léger, teinté de rose à l'état vivant ;
parties dénudées jaunes, tour des yeux jaune, atteignant le rose
vif dans les plis ; bec couleur de chair rose vif, bouton apparent
d'un blanc brillant ; pieds jaunes. Peu de jours après la mort,
le bec devient blanc et le duvet perd ses teintes rosacées. Le
17 juillet 1863, trois jeunes Hobereaux de deux jours, provenant
d'un même nid, nous furent envoyés vivants par M. Reess, directeur des forges du Port-Brillet (Mayenne), qui avait joint à l'envoi la
mère, tuée autour du chêne où était placé le nid. Les sexes étaient
très-visibles, il y avait deux mâles et une femelle ; la seule différence appréciable était dans le bec, un peu plus fort chez la femelle.

M. Bailly dit que la sortie du nid n'arrive guère avant le quaran-
tième jour après la naissance. La ponte est de trois ou quatre œufs. Le
nid est placé sur des arbres très-élevés ou sur des rochers, il est
tapissé à l'intérieur de laines, de poils ou d'autres substances molles,
et une paire de hobereaux occupe fréquemment un même nid plusieurs années de suite si elle n'y a pas été troublée.

Revue et Mag. de Zoologie, (1864).   Pl. 9.

Alb. Marchand del et Lith.   Imp J. Langlois, à Chartres

Tetrao Bonasia.

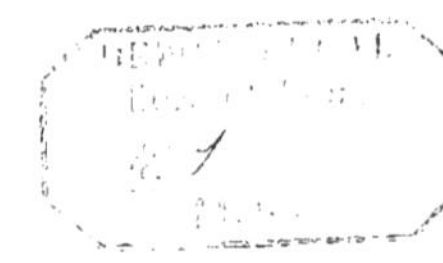

(Revue et Mag. de Zoologie, 1864, pl. 9.)

TETRAO BONASIA, Linn.

TÉTRAS GÉLINOTTE.

HAZEL GROUSE, Bree. — HASEL HUHN. — FRANCOLINO DI MONTE.

Duvet laineux, droit, plutôt court, d'une jaune noisette pâle, devenant roux sur la tête et sur la ligne de l'épine dorsale. Une bande noire part de l'œil et se prolonge jusqu'à la naissance du cou; une petite tache noire entre le bec et l'œil; bec brun clair; pieds déplumés jusqu'à la moitié des tarses, jaunâtres d'après l'exemplaire de notre collection, dont les plumes des ailes sont déjà apparentes; ces plumes paraissent du huitième au dixième jour.

D'après M. Bailly, la Gélinotte niche régulièrement dans les montagnes de France et d'Allemagne, elle pond de sept à quinze œufs dans les bruyères ou les broussailles, et ses petits courent avec légèreté une heure environ après leur naissance. La femelle cache son nid sous un buisson ou à l'abri d'un rocher et pendant trois semaines elle couve ses œufs sur une couche de feuilles mortes dont elle se sert pour les couvrir quand elle s'éloigne.

Voir le vertex de ce poussin (*R. Z.*, 1868, pl. XXI. — Pouss., pl. LXXVI, fig. 3) et la description de M. Mèves (*R. Z.*, avril 1864).

Revue et Mag. de Zoologie, (1864).   Pl. 10

Ath Marchand del et lith   Imp J.Langlois à Chartres.

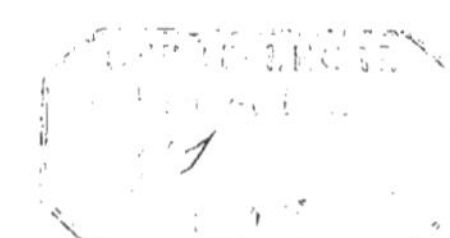

Anas Fusca.

(Revue et Mag. de Zoologie, 1864, pl. 10.)

ANAS FUSCA, Linn.

CANARD DOUBLE MACREUSE.

Velvet Scoter. — Sammt-Ent. — Germano di mare.

Tête, nuque, poitrine et parties supérieures brunes ; gorge et joues formant une tache blanche, dont les contours sont nettement limités ; poitrine brune ; parties inférieures d'un duvet gris à la naissance, blanc à l'extrémité ; les quatre taches dorsales à peine visibles ; une bande brune descendant sur le flanc des cuisses. D'après M. Mèves (*R. Z.*, avril 1864) ; le bec est d'un gris obscur à bordure interne d'un gris plombé ; les pieds sont d'un brun olive, et l'iris gris brun. Ce poussin est facile à distinguer de la jeune Macreuse à cause de ses joues blanches et du jeune Garrot par les quatre taches dorsales de ce dernier. La dépouille que nous possédons proviendrait du Jemtland, c'est un ♂ d'une huitaine de jours.

La double Macreuse niche dans les régions du cercle arctique ; le nid est placé au milieu des roseaux des étangs, il se compose d'un monceau de branches et de feuilles et l'intérieur est tapissé de plumes provenant de la femelle mais sans duvet ; la ponte est de six à huit œufs ; les petits ne quittent pas les étangs avant de pouvoir voler, et gagnent alors la mer. (Morris, *British Birds.*)

Revue et Mag. de Zoologie, (1864.)   Pl. 23.

Neophron Percnopterus.

(Revue et Mag. de Zoologie, 1864, pl. 23.)

NEOPHRON PERCNOPTERUS, Savig.

CATHARTE ALIMOCHE.

EGYPTIAN VULTURE. — AAS-GEIER. — CAPORACCAJO.

Duvet très-clair, soyeux et fort long sur la tête ; d'un fauve isabelle très-pâle ; parties dénudées jaunâtres ; iris brun ; tour des yeux d'un noir livide, entouré de duvets bruns ; partie dénudée jaune de l'oreille à la naissance du bec ; bec jaune livide, verdâtre à la base et bleuâtre sur le milieu supérieur ; pointe du bec couleur de corne ; pieds jaune vert d'eau. Nous avons pris note de ces teintes sur un jeune Catharte que nous avons conservé vivant pendant plusieurs jours ; il pouvait être éclos depuis une quinzaine de jours lorsqu'il fut pris avec un autre poussin dans un trou de rocher de la montagne de Castète, près Louvie (Basses-Pyrénées). Ses poses étaient grotesques, il se tenait le plus habituellement appuyé sur les coudes, les doigts posés en dedans sur les côtés, ainsi que nous les avons placés dans notre planche ; il exhalait une odeur fétide. Le poussin que nous avons dessiné est âgé de deux ou trois jours, il nous a été envoyé de Smyrne par le docteur Krüper qui l'avait capturé le 5 juin.

Le Catharte niche sur les rochers inaccessibles des montagnes, assez communément sur les chaînes du midi de la France ; sa ponte est ordinairement de deux œufs.

M. le docteur Paul Durand nous a assuré avoir vu une bande de huit Percnoptères passer au-dessus de la ville de Chartres ; il a très-positivement reconnu ces oiseaux qu'il a fréquemment observés pendant ses longs séjours en Egypte.

Revue et Mag. de Zoologie,(1864.)   Pl. 24.

Aug. Marchand del. et lith.   Imp. J. Langlois à Chartres.

Strix Noctua.

(Revue et Mag. de Zoologie, 1864, pl. 24.)

STRIX NOCTUA, Temm.

CHOUETTE CHEVÊCHE.

LITTLE OWL. — STEIN-KAUTZCHEN. — CIVETTA.

Duvet court, léger, permettant par sa transparence d'apercevoir, à la base du cou et sous les ailes, une peau jaunâtre; ensemble d'un blanc pur, très-faiblement rosé à l'état vivant; bec couleur de corne, jaune; appareil nasal formant deux conduits tubulaires proéminents, fort dilatés; yeux entr'ouverts, d'un noir profond; ongles noirs. Peu de jours après l'éclosion la jeune Chevêche se couvre d'un duvet gris cendré qui chasse le duvet blanc à son extrémité et devient assez foncé, même avant l'apparition des plumes. Cette remarque s'applique également à la Hulotte, au Brachyote et au Moyen-Duc; sous le duvet d'un blanc pur qui les couvre à la sortie de l'œuf, on voit paraître un duvet gris destiné à se transformer en plumes, tandis que le duvet blanc primitif tombe petit à petit. Nous avons observé, en 1864, un nid placé dans un têtard de saule; les œufs étaient déposés, sans aucune préparation, sur la poussière du bois pourri; la mère commença à couver le 3 mai, et nous pûmes constater l'éclosion des petits le 26 du même mois; leurs yeux restèrent fermés les trois premiers jours; ils furent pris le quatrième jour et montés le cinquième. Le poussin figuré est un ♂ reconnu, et il a été dessiné d'après le petit animal vivant. La Chevêche se réfugie pour nicher dans les trous des rochers ou des murailles en ruines, sous les toits des bâtiments abandonnés, dans les tas de pierres et plus fréquemment dans les creux naturels des vieux pommiers; sa ponte est de trois à cinq œufs.

M. Lemetteil a remarqué comme nous le changement de couleur du duvet des jeunes Chevêches; il est dû, dit-il, à la crue de nou-

velles plumules, qui, n'étant pas encore formées quand l'oiseau sort
de l'œuf, se développent promptement et finissent par absorber les
premières. Ce qui lui donne cette opinion c'est qu'en soufflant pour
écarter le duvet on retrouve au pied quelques poils blancs plus courts
et comme étiolés. (*Oiseaux de la Seine-Inférieure*, t. Ier, p. 31.)

M. Bettoni donne une excellente série des plumages du nid.
(*Uccelli in Lombard.*, t. XX.)

Revue et Mag. de Zoologie (1864).   Pl. 25.

Astur Palumbarius.

(Revue et Mag. de Zoologie, 1864, pl. 25.)

ASTUR PALUMBARIUS, Bechst. ex Linn.

L'AUTOUR.

GOSHAWK. — TAUBEN-HABICHT. — ASTORE.

Duvet blanc, léger, cotonneux, prenant, à l'état vivant, des reflets bleuâtres du côté de l'ombre ; parties dénudées jaunes, parsemées de flocons cotonneux ; oreilles visibles ; joues faiblement brunâtres entre l'œil et l'oreille ; cire et tour des yeux jaunes, bec bleu, bouton apparent sur le bec ; pieds jaune paille, se rétrécissant en collection au point de perdre un tiers de leur épaisseur, remarque qui est généralement applicable chez les poussins ; ongles bleu de corne. Ce jeune Autour nous a été envoyé le 21 mai 1862 de la forêt du Pertre (Ille-et-Vilaine) ; il était âgé de quatre ou cinq jours et encore vivant lorsque nous l'avons dessiné ; la proportion de la planche est des quatre cinquièmes ; son estomac était rempli de débris de plumes et de poils pelotonnés, évidemment destinés à être rejetés comme chez les adultes. Nous reçûmes de la même localité, le 23 juin 1862, deux jeunes Autours d'une quinzaine de jours, époque à laquelle paraissent les premières plumes ; ils étaient déjà fort gros, on avait eu soin de joindre à l'envoi le père tué auprès du nid pendant qu'il donnait à manger à ses petits ; ayant monté l'un de suite et conservé l'autre vivant jusqu'à la sortie de toutes les plumes, nous possédons la série complète de la livrée du premier âge ; nous reçûmes en outre une troisième nichée le 27 mai 1864. Les nids étaient construits sur les arbres les plus élevés d'une futaie de hêtres, souvent un même nid était plusieurs fois utilisé par une même paire d'Autours qui alors le réparait et l'augmentait chaque année. La ponte est de deux à quatre œufs.

Revue et Mag. de Zoologie (1864)   Pl. 26

Alb. Marchand del et lith.   Imp. J Langlois, à Chartres

Fuligula Glacialis.

(*Revue et Mag. de Zoologie*, 1864, pl. 26.)

FULIGULA GLACIALIS, Degl.

CANARD DE MICLON.

LONG-TAILED DUCK. — EIS-ENTE. — MORETTA PEZZATA.

Le brun de la tête s'arrête près de la naissance du bec, entoure les yeux, se relie sur le dessus du cou avec le brun uniteinte du dos et des parties supérieures, et descend sur les cuisses jusqu'à la naissance du tibia; gorge, côtés du cou, poitrine et ventre d'un gris cendré verdâtre; une ceinture brune sur le haut de la poitrine; bouton placé à la pointe du bec; pouce portant une membrane. La comparaison de ce poussin avec les autres jeunes Fuligules nous autorise à croire que c'est bien un Miclon, nom sous lequel nous l'avons reçu d'Islande; il paraît âgé de trois à quatre jours.

Ce Canard niche en Islande ou au Spitzberg sur les bords des lacs, au milieu des plantes et des buissons; le nid est garni du duvet de la femelle dont la quantité augmente selon le nombre des œufs; la ponte est de six à huit œufs; la mère se charge seule du soin d'élever ses petits.

Revue et Mag. de Zoologie, (1865).   Pl. 1.

Alb. Marchand. del et Litho   Imp. J. Langlois à Chartres.

Mormon Fratercula.

(Revue et Mag. de Zoologie, 1865, pl. 1.)

MORMON FRATERCULA, Temm.

MACAREUX MOINE.

Puffin. — Arktischer Lund. — Pulcinella di mare.

Duvet cotonneux, extrêmement long et se soulevant au moindre souffle, tête, cou et dos brun noirâtre ; ventre blanc sale ; bec sans sillons, étroit par rapport à celui de l'état adulte, mais en faisant prévoir la forme future. Nous avons dessiné cette planche d'après un poussin d'une huitaine de jours rapporté, par le comte de Slade, d'une excursion sur le littoral de la Manche. La pointe du bec et les pieds de notre jeune Macareux étaient d'un brun si clair, que nous les avions teintés en jaune dans la planche ; depuis nous avons reçu un second exemplaire plus frais dont le bec et les pieds bruns paraissent désigner cette couleur pour l'état vivant.

Le Macareux niche en grand nombre sur les côtes et les îles de Bretagne ; il pond un seul œuf, dans des excavations, même dans des terriers de lapin. Souvent le mâle creuse ces trous lui-même jusqu'à une profondeur de trois à quatre pieds, et leur ménage deux issues ; le petit crie beaucoup dans le nid, il y grandit assez lentement et y séjourne longtemps ; il ne quitte le nid que lorsqu'il a toutes ses ailes et se jette alors à la mer avec les vieux. (Brehm, *Vie des Animaux.*) L'incubation dure un mois d'après Yarrell, et c'est au bout de quatre à cinq semaines que les petits sont capables de gagner la mer. (*Brit. Birds.*)

M. Vian fait remarquer que les poussins des Macareux se rapprochent de ceux des Puffins par leur duvet très-long, clair-semé, sans consistance, peu adhérent à la peau, duvet qui sur le vertex forme toque proéminente et rabat sur les yeux et le front ; il ajoute que les uns et les autres de ces oiseaux déposent leurs œufs dans des espèces de terriers, tandis que les poussins des Guillemots et des Pingouins sont entièrement vêtus, même sur la face, d'un duvet court surtout à la tête, laineux, très-épais, solide et très-adhérent à la peau. (*Bulletin de la Société Zoologique de France*, 1876, p. 11.)

M. le docteur Louis Bureau nous promet, dans son savant Mémoire sur la *Mue du Bec et des ornements palpébraux du Macareux arctique* (*Bulletin de la Société Zoologique de France*, 1878), de nous faire connaître ses observations sur quelques autres points intéressants de l'histoire de ces oiseaux ; il a visité deux îles de la Bretagne qui ont encore le privilége de donner asile pendant la ponte à des centaines de Macareux, et il n'est pas douteux qu'il ne jette une lumière complète sur leurs poussins.

Revue et Mag. de Zoologie, (1865.)   Pl. 2.

Alb. Marchand, del et lith.

Impr. J. Langlois à Chartres.

Thalassidroma Pelagica.

(Revue et Mag. de Zoologie, 1865, pl. 2.)

THALASSIDROMA PELAGICA, Selby.

THALASSIDROME TEMPÊTE.

STORM PETREL. — KLEINE STURMSCHWALBE. — UCCELLO DELLE TEMPESTE.

Duvet extrêment long, épais et dissimulant toute forme, d'un gris clair ; gorge blanchâtre ; peau à peine apparente entre le bec et l'œil, faiblement rougeâtre ; bec jaunâtre, noir à la pointe ; pieds blanchâtres, d'après une dépouille de trois ou quatre jours, provenant d'Écosse. Nous possédons un autre exemplaire, dont l'aspect est le même, seulement le gris est plus noir ; ses dimensions sont presque celles de l'état adulte, ce qui indique que le jeune Thalassidrome conserve quelque temps cette fourrure informe avec laquelle il vit inerte dans le nid, sans probablement pouvoir se tenir debout, ainsi que nous l'avons dessiné. Cet oiseau se reproduit en grand nombre sur des îles du littoral de la Bretagne ; il niche dans les creux de quelque rocher ou au fond d'un terrier, et pond un seul œuf, dont l'odeur forte est encore persistante chez des œufs que nous possédons depuis une trentaine d'années. Aussitôt après l'éclosion, la femelle abandonne, dit-on, le nid, et y revient chaque nuit pour donner à manger à son petit, dont on entend les cris plaintifs s'échappant des trous creusés dans la terre à un ou deux pieds de profondeur.

Revue et Mag. de Zoologie (1865). Pl. 3.

Alb. Marchand, del et lith. imp J. Langlois à Chartres.

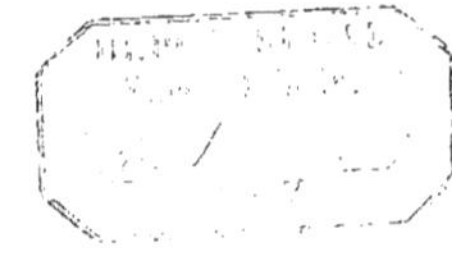

Strepsilas Collaris.

(Revue et Mag. de Zoologie, 1865, pl. 3.)

STREPSILAS COLLARIS, Temm.

TOURNE-PIERRE A COLLIER.

Turnstone. — Mornell-Steinwalzer. — Voltapietre.

Duvet très-épais, laineux, se terminant en fils noirs sur les parties grises, et en fils blancs sur les parties blanches ; dessus de la tête, joues, poitrine, dos, ailes et côtés extérieurs des cuisses, gris cendré tacheté de noir ; les taches plus rapprochées sur la tête et sur le dos, où elles forment deux bandes noires distinctes ; bec brun présentant la forme caractérisée du bec du Tourne-Pierre, seulement plus court et moins aigu que celui de l'adulte ; pieds brun clair, d'après des dépouilles en collection. Les parties grises et blanches se trouvent identiquement réparties chez le poussin et chez le plumage de première année. La forme du bec ne laisse, d'ailleurs, nul doute sur l'attribution de nos deux exemplaires, dont l'un a été recueilli en Suède, et dont l'autre nous provient des îles Gottland ; ils ont quelques jours.

Le Tourne-Pierre niche sur le sable des plages maritimes du Nord, et sa ponte est de quatre œufs, déposés dans une petite cavité du sable ou au milieu des herbes, des joncs ou des bruyères. Les petits quittent le nid en sortant de l'œuf et se cachent à l'approche d'un danger. (Dubois, *Oiseaux de la Belgique.*)

Revue et Mag. de Zoologie (1865).   Pl. 4.

Œdicnemus Crepitans.

(Revue et Mag. de Zoologie, 1865, pl. 1.)

ŒDICNEMUS CREPITANS, Temm.

ŒDICNÈME CRIARD.

GREAT PLOVER. — EUROPAISCHER TRIEL. — OCCHIONE.

Duvet épais, laineux, ras et floconneux sur le dos, plus long et effilé sous le ventre; d'un jaune brunâtre plus vif sur le dos; plus clair en dessous. Une bande brune, en forme d'un V, dont la pointe serait tournée vers la naissance du bec, relie les deux yeux, reparait au-delà des yeux et se dirige sans interruption vers les épaules, de façon à former deux bandes sur toute la longueur du dos jusqu'à la queue; quelques traits noirs sur l'occiput; une bande très-tranchée, partant de l'ouverture du bec, et passant au-dessus des yeux; une autre bande sur les ailes; une autre enfin sur les flancs, allant jusqu'à la queue; bec noir à la pointe, verdâtre à la base; yeux vert glauque; pieds vert pâle. Nous possédons cinq exemplaires d'âges variés, tous obtenus vivants et trouvés dans nos plaines; nous avons choisi pour le dessiner un poussin sortant de l'œuf. Ces jeunes courent avec une grande agilité, et ils savent se rendre presque invisibles en se rasant à l'abri d'une motte de terre, immobiles, le cou tendu et le bec à terre. Il y avait invariablement deux œufs dans chacun des nids que nous avons trouvés; ceux-ci étaient placés dans les endroits les plus arides et les plus pierreux et consistaient en une faible excavation garnie de très-petites pierres dont la couleur se confondait avec celle des œufs au point de les rendre très-difficiles à apercevoir.

L'Œdicnème arrive au printemps dans nos plaines, où il est connu sous le nom de Courlis, il se réunit à l'automne en bandes souvent très-nombreuses, et repart à l'arrivée des premiers froids. Nous avons souvent élevé des jeunes, même en duvet; cependant nous avons toujours réussi plus facilement, quand ils avaient été pris au moment où leurs plumes commençaient à pousser ; nous les nourrissions d'abord avec du pain trempé dans du lait, puis nous y ajoutions de petits morceaux de viande cuite ou crue ; ils aimaient beaucoup les vers de terre et les hannetons.

(Voir un Œdicnème avec ses deux poussins dans les *Uccelli che nidif. in Lomb.*, tav. 102.)

Revue et Mag. de Zoologie. (1865).

Pl. 5.

Alb. Marchand, del. et lith.

Imp. J. Langlois à Chartres.

Perdix Cinerea.

(Revue et Mag. de Zoologie, 1865, pl. 5.)

PERDIX CINEREA, Briss.

PERDRIX GRISE.

Common Partridge. — Feld-Huhn. — Starna.

Duvet court et offrant quelque roideur, un peu laineux sur le dos; d'un blond isabelle; parsemé, sur les parties supérieures, de taches d'un roux vif, qui couvre aussi l'occiput; au-dessus des yeux une petite moustache accompagnée de quelques points bruns; gorge et ventre jaune paille; bec et pieds jaunâtres. Nous avons préparé les poussins de notre planche à mesure qu'ils sortaient de l'œuf. Le nid de la Perdrix grise se compose de quelques herbes déposées dans une simple dépression du sol et souvent dans la cavité laissée par le pas d'un cheval; la ponte est en moyenne de douze à vingt œufs; cependant nous avons trouvé vingt-quatre œufs dans un même nid; l'incubation dure de vingt à vingt-un jours; les petits quittent le nid dès leur éclosion et saisissent avec vivacité les insectes que leur font voir les père et mère; nous avons trouvé plusieurs fois, dans le voisinage d'un nid dont les petits étaient éclos, des coquilles d'œufs dont le gros bout était cassé en couronne et retourné dans l'autre fragment dont il bouchait l'entrée.

M. Bettoni donne une figure de la P. Cinerea accompagnée de poussins âgés de plusieurs jours (*Uccelli in Lomb.*, tav. 8); plus d'un artiste a d'ailleurs été tenté de reproduire la sollicitude de la Perdrix et la vivacité de ses petits.

Les Perdrix grises ont en Beauce l'habitude funeste de faire leurs nids dans les prairies artificielles où ils sont détruits lorsqu'on fauche ces prairies au mois de juin; les parents recommencent alors une seconde ponte moins nombreuse que la première. Si les blés sont vigoureux et touffus au printemps, les perdrix y font leur nid et n'y courent pas les mêmes dangers que dans les trèfles et les luzernes. Nos plaines sont par elles-mêmes essentiellement favorables à la multiplication des perdrix grises, et nous ne voyons guère d'obstacles naturels à leur reproduction que les orages pendant lesquels les embryons meurent quelquefois dans l'œuf, et les pluies torrentielles qui noient les poussins réfugiés sous le ventre de leur mère.

Revue et Mag. de Zoologie 1865.

Pl. 6.

Alb. Marchand del et Lith.

Imp. J. Langlois a Chartres.

Anas Nigra.

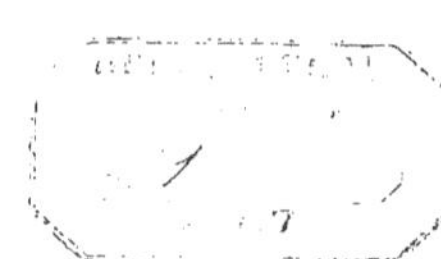

(Revue et Mag. de Zoologie, 1865, pl. 6.)

ANAS NIGRA, Linn.

CANARD MACREUSE.

Common Scoter. — Trauer-Ente. — Macrosa.

Duvet d'un brun cendré, noirâtre, très-foncé sur la tête et le dos, se dégradant sous le ventre jusqu'au gris cendré ; gorge et joues d'un gris cendré fondu avec le brun qui l'entoure. Le poussin de la Macreuse, par son aspect enfumé et uniteinte, est facile à distinguer de celui de la double Macreuse qui a les joues et le ventre presque blancs. Nous avons dessiné cette planche d'après un exemplaire mâle d'une huitaine de jours, provenant d'une des îles de la mer Baltique.

Les Macreuses nichent dans les régions arctiques, au milieu d'herbes marécageuses ; la ponte est d'environ huit œufs.

M. Mèves, en décrivant ce poussin, indique le bec d'un noir plombé à bordure interne jaune, les pieds d'un vert olive jaunâtre, les membranes noires et l'iris brun. (*Rev. Zool.,* avril 1864.)

Revue et Mag. de Zoologie. (1865).

Pl. 7.

Alb. Marchand, del et Lith

Imp. Lemercier à Chartres

Gallinula Chloropus.

(Revue et Mag. de Zoologie, 1865, pl. 7.)

GALLINULA CHLOROPUS, Lath.

POULE D'EAU ORDINAIRE.

Moor-Hen. — Gemeines Teichhuhn. — Sciabica.

Duvet soyeux, épais, allongé, entièrement noir avec reflets sur le dos d'un bleu olivâtre ; occiput et gorge chauves, garnis de petits poils noirs ne couvrant pas la peau, qui apparaît d'un gris bleuâtre sur la tête et rosacé sous la gorge ; de longues soies blanches composant une espèce de collier et apparaissant isolées sur les flancs ; la pointe de l'aile, sortant du duvet, est d'un rose livide ; base du bec et plaque frontale rose carmin ; bec jaune d'ocre, portant sur l'arête le bouton et un autre point d'un blanc brillant ; pieds noirs. Après une douzaine de jours la tête se couvre de duvet noir, et il ne reste plus que quelques soies blanches sous la gorge. Le collectionneur a le regret de voir disparaître rapidement les couleurs vives du bec et de la tête.

Ayant chaque année des nids de Poule d'eau dans les limites de notre habitation, nous avons réuni une série de poussins de grosseurs étagées, celui que nous avons dessiné est de deux jours. La ponte est de sept à dix œufs. Les nids sont garnis, à l'intérieur, de feuilles sèches ; en général, ils sont à terre parmi les roseaux, cependant nous en avons vu plusieurs à deux et trois mètres au-dessus du sol, nous ignorons comment les petits peuvent en descendre, car ils nagent dès le jour de l'éclosion ; ils ont, il est vrai, une si grande agilité, qu'ils sautent sans doute d'une branche sur une autre jusqu'à terre. Lorsque le nid qui a servi à l'incubation n'est pas tout au bord de l'eau, les parents en construisent un plus grossier, qui sert à la petite famille de refuge et d'abri pour la nuit. La sollicitude du père égale celle de la mère et tous deux distribuent alternativement

sa part à chacun des poussins qui se tiennent le plus souvent cachés
isolément ; ils nourrissent leurs petits fort longtemps, ainsi nous en
avons vu donner de la pàture à des jeunes d'une première couvée
postérieurement à la naissance d'une seconde nichée; par contre ces
jeunes déjà forts portaient de petits insectes à leurs frères de la
seconde couvée, ce qui prouve à quel point l'instinct de l'éducation
est développé chez cette espèce; nous avons fait maintes fois ces
observations à la fois intéressantes et vraiment touchantes. Yarrel
cite des faits analogues qui ont été également observés par Naumann. (Brehm, *Vie des Animaux*, édit. Z. Gerbe). Morris parle aussi
de cette sollicitude fraternelle et il ajoute que l'on a vu la mère voler
en tenant un petit dans chaque pied pour les descendre du nid. Voir
une Poule d'eau accompagnée de ses poussins dans l'ouvrage de
Bettoni. (*Ucelli che nidif. in Lomb.*, tav. 96.)

Revue et Mag. de Zoologie. (1865). Pl. 8.

Alb. Marchand, del et lith.

Imp. J. Langlois, à Chartres.

Perdix Coturnix.

(Revue et Mag. de Zoologie, 1865, pl. 8.)

PERDIX COTURNIX, Lath.

CAILLE COMMUNE.

Common Quail. — Gemeine Watchtel. — Quaglia.

Duvet de même nature que celui des Perdrix, mais un peu plus long et plus fin, d'un jaune noisette, pâle sous la gorge et le ventre, plus roux sur la tête et les parties supérieures ; le dos sillonné de taches longitudinales brunes, dont les plus apparentes forment deux bandes s'étendant de l'occiput à la naissance de la queue; bec et pieds d'un gris jaunâtre. Nous possédons une petite troupe de huit poussins montés à mesure qu'ils éclosaient ; la mère, ayant été prise sur le nid, fut mise avec ses œufs dans une volière où elle ne tarda pas à se remettre à couver, et l'éclosion eut lieu peu de jours après. La vivacité des poussins était extrême dès la sortie de l'œuf, et ils se précipitaient sur les petites mouches et sur les larves qu'ils apercevaient.

La Caille niche dans nos prairies artificielles après avoir fait une couvée dans des pays plus méridionaux ; sa ponte est de dix à quatorze œufs ; l'incubation dure dix-huit à vingt jours ; la mère est seule chargée de protéger la jeune couvée, ce qu'elle fait avec beaucoup de soin ; cependant les jeunes se dispersent de bonne heure dans les prairies artificielles ou les parties un peu herbues de nos plaines, pour nous quitter dès le commencement de septembre et même plus tôt dans les années sèches, si leurs retraites se trouvent brûlées par le soleil. M. Bettoni donne une planche de poussins âgés de plusieurs jours. (*Uccelli in Lomb.*, t. V).

Revue et Mag. de Zoologie, (1865). Pl. 9.

Alb Marchand del. et lith. Imp. Langlois à Chartres.

Strix Flammea.

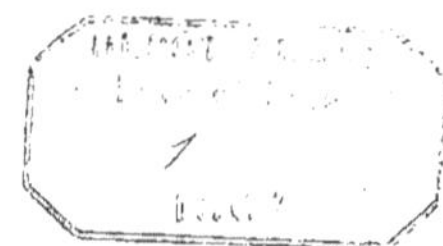

(*Revue et Mag. de Zoologie*, 1865, pl. 9.)

STRIX FLAMMEA, Linn.

CHOUETTE EFFRAYE.

White or Barn Owl. — Schleier-Eule. — Barbagianni.

Duvet cotonneux d'un blanc pur; toute la face peu garnie de duvet; tour des yeux et ligne faciale dénudés; peau d'un jaune livide; bec couleur d'ongle rosé; iris noir; pieds et ongles grisâtres. Ces observations sont faites d'après un individu en chair, mais mort de la veille. Nous possédons deux exemplaires de six à huit jours d'une proportion un peu plus forte que celle de notre planche, ils ont été dénichés dans les premiers jours de juin. On nous apporta une fois, le 9 septembre, trois petits en duvet qui eussent difficilement pris leur vol avant les froids. L'Effraye ne construit pas de nid, et sa ponte est de trois à cinq œufs; les poussins séjournent dans le trou de muraille où ils sont nés jusqu'à ce qu'ils soient complétement emplumés; ils sifflent ou plutôt soufflent avec force en se rejetant en arrière quand on approche d'eux pour les saisir.

Comme tous ses congénères, l'Effraye rejette par le bec des pelotes composées des objets qui ont été rebelles à l'action de la digestion; on ne trouve jamais dans ces pelotes que des os brisés, des poils de petits mammifères, ou des élytres d'insectes, ce qui démontre l'utilité de cet oiseau, et il est en effet un hôte précieux de nos habitations rurales puisqu'il se nourrit à peu près exclusivement de souris ou de mulots; aussi au lieu de lui faire un crime des trous qu'il augmente parfois dans les couvertures en paille, serait-il plus sage de pratiquer des ouvertures destinées à favoriser ses chasses nocturnes.

M. Bettoni a donné une figure d'une exécution remarquable représentant l'oiseau adulte accompagné de quatre poussins échelonnés

comme taille (*Uccelli in Lomb.*, tav. 36), l'un d'eux est représenté
au moment où il se gonfle en soufflant. On trouve un jeune Effraye
âgé de quelques jours après sa sortie de l'œuf dans la *Vic des Animaux*, de Brehm [édition Z. Gerbe, Introduction, p. XXV].

Revue et Mag. de Zoologie. (1865.)   Pl. 10.

Alb. Marchand del. et lith.   Imp. J. Langlois, à Chartres

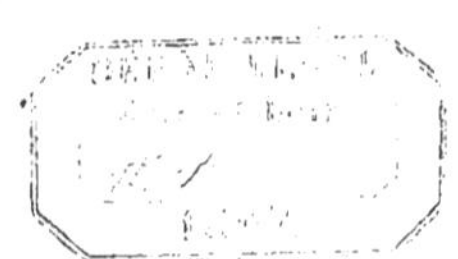

Buteo Apivorus.

(*Revue et Mag. de Zoologie*, 1865, pl. 10.)

BUTEO APIVORUS, Briss.

BUSE BONDRÉE.

Honey Buzzard. — Wespenbusard. — Falco Pecchiaiolo.

Duvet assez ras, laineux et floconneux, d'un blanc lavé de roux ;
la tête couverte de longues soies roussâtres ; tour des yeux et cires
jaunes ; un petite tache brune derrière l'œil ; bec noir ; pieds jaunes ;
espace entre le bec et l'œil dénudé et la peau jaunâtre paraissant
chagrinée. Dessiné d'après un poussin vivant, d'une huitaine de jours
et d'une proportion un peu plus forte que celle de la planche ; il se
tenait appuyé sur les coudes, mais il n'eût pu se maintenir perché.
Nous l'avons reçu des forêts de Port-Brillet, département de la
Mayenne, avec un autre jeune de la même couvée, beaucoup plus
gros et qui portait déjà des plumes sorties de leurs étuis. Cette
énorme disproportion entre de jeunes rapaces, qui se trouvent
parfois dans un même nid avec des œufs, ne saurait s'expliquer
complétement par l'extrême rapidité avec laquelle ils acquièrent, en
huit ou quinze jours, un développement presque égal à celui de leurs
parents ; cette remarque n'est pas, d'ailleurs, spéciale aux rapaces,
elle est applicable, par exemple, aux canards, qui ne grossissent
cependant pas avec la même rapidité. Nous avons élevé la plus
grosse de ces jeunes Bondrées jusqu'en novembre ; elle avait pris un
plumage brun ; elle changeait peu de place et poussait continuellement de petits cris plaintifs ; elle mangeait de la viande fraîche sans
vouloir toucher aux fruits que nous lui avons souvent présentés.

Les Bondrées affectionnent pour établir leur nid les branches d'un
hêtre à la hauteur où elles se séparent du tronc pour former la tête
de l'arbre ; comme ces oiseaux sont paresseux, ils reviennent occuper
un nid qu'ils ont déjà choisi, et souvent ils s'emparent de celui

d'une corneille ou d'un petit rapace. La ponte est habituellement de
deux œufs, quelquefois de trois. Le père et la mère nourrissent leurs
petits pendant une douzaine de jours avec des chenilles et des
insectes à demi-digérés; plus tard ils leur apportent des oiseaux
et beaucoup de petits rongeurs.

Revue et Mag. de Zoologie.(1865)   Pl. 11.

Alz Marchand del et lith.

Anas Mollissima.

(Revue et Mag. de Zoologie, 1865, pl. 11.)

ANAS MOLLISSIMA, Linn.

CANARD EIDER.

EIDER DUCK. — EIDER-ENTE. — ANATRA DAL PIUMINO.

Duvet très-épais, long et filiforme à la pointe, d'un brun noirâtre très-foncé sur la tête et les parties supérieures; gorge et ventre d'un gris blanchâtre. Une bande sourcilière grise partant de la naissance du bec et très-apparente. Nous avons dessiné notre planche d'après un poussin d'une dizaine de jours, indiqué comme mâle, mais dont la provenance nous est inconnue.

Les Eiders nichent dans les régions septentrionales de l'Europe, les nids sont placés sur des terres baignées par la mer, sur des îlots ou sur des promontoires; la ponte est de cinq ou six œufs; les jeunes sont conduits à l'eau dès leur sortie de l'œuf, comme dans toutes les familles de Canards. La quantité du duvet qui garnit le nid augmente chaque jour pendant le mois que dure l'incubation. Chacun sait que ce précieux duvet est recueilli sous le nom d'*édredon*.

M. Yarrell a vu souvent des nids placés de telle sorte qu'il n'était pas possible que les poussins eussent pu être transportés autrement que par le bec de leurs parents, pour atteindre les eaux où ils nageaient aussitôt qu'ils étaient éclos.

Revue et Mag. de Zoologie (1865).   Pl. 12.

Scolopax Rusticola.

(Revue et Mag. de Zoologie, 1865, pl. 12.)

SCOLOPAX RUSTICOLA, Linn.

BÉCASSE ORDINAIRE.

Woodcock. — Gemeine Waldschnepfe. — Beccaccia.

Duvet laineux d'un jaune roussâtre très-pâle, parsemé de taches d'un roux vif, assez nombreuses sur le dos pour se confondre entre elles ; une bande brunâtre traverse l'œil, une autre médiane part du bec et rejoint la tache occipitale qui relie les yeux et descend sur la nuque ; base du bec couleur de chair, pointe brunâtre ; les pieds sont sans doute rosacés. La jeune Bécasse que nous avons dessinée doit avoir vécu six ou huit jours, puisque les fourreaux des grandes pennes sont apparents.

Les Bécasses nichent à terre et la ponte serait le plus souvent de quatre œufs. Nous n'avons jamais eu l'occasion d'observer le nid de cet oiseau, bien que quelques paires se reproduisent chaque année dans les grands bois de notre département.

M. Mèves décrit ce poussin (*R. Z.*, 1864). D'après Bailly (*Ornith. Sav.*), les jeunes Bécasses seraient hideuses lors de leur éclosion et il leur faudrait attendre, pour quitter le nid, que leurs pieds et leur bec fussent raffermis ; cependant le plus grand nombre des observateurs affirment que les petits quittent leur berceau aussitôt après leur éclosion, qui a lieu au bout de dix-huit à vingt jours d'incubation. La croissance des jeunes Bécasses serait extrêmement rapide, et au bout de trois semaines elles commenceraient à agiter leurs ailes. Yarrell (*Britihs Birds,* t. III, p. 10) cite plusieurs témoins du fait de Bécasses s'envolant en tenant leurs petits entre leurs pieds. Voir une planche représentant une Bécasse avec des jeunes en duvet dans l'ouvrage de Bettoni (*Uccelli che nidif. in Lomb.,* tav. 103).

———◦◇◦———

Revue et Mag. de Zoologie. (1865).   Pl. 14.

Alb. Marchand del et lith.   imp. J. Langlois, à Chartres

Fulica Atra.

(*Revue et Mag. de Zoologie*, 1865, pl. 14.)

FULICA ATRA, Linn.

FOULQUE MACROULE.

COMMON COOT. — GEMEINES WASSERHUHN. — FOLAGA.

Duvet long, soyeux, d'un noir profond, cendré en dessous; occiput à peu près chauve d'un cendré bleuâtre parsemé de poils noirs; plaque frontale invisible dans les premiers jours; tout le cou, la gorge et la nuque couverts de crins couleur de feu, voilant le duvet noir de la base; ces espèces de crins plus rares et blancs sur le dos; quelques crins jaunes sur les ailes. Front et lorums couverts de petites caroncules rouge vermillon. Mandibules d'un carmin vif à la base du bec, et d'un blanc brillant à la partie cornée portant le bouton; extrême pointe du bec noire; pieds noirs. La ponte est de huit à douze œufs. Les couleurs vives s'effacent promptement en collection. Nous avons choisi pour le dessiner un poussin de huit jours né sur une pièce d'eau voisine de notre habitation; le père et la mère avaient l'aile coupée, et il nous ont donné des couvées pendant huit années de suite. Ils faisaient leur nid sur une île, avec des herbes sèches et des feuilles de roseaux; ils l'élevaient à environ $0^m 30$ de terre; les petits restaient dans le nid pendant deux ou trois jours, mais une fois sortis ils n'y rentraient plus, et les parents construisaient un ou plusieurs nids supplémentaires, qui leur servaient de lieu de repos; ces nids, grossièrement construits avec des roseaux verts et placés à la surface de l'eau, atteignaient un volume considérable. Bien que les petits chassassent par eux-mêmes, les parents leur apportaient continuellement à manger avec la plus complète sollicitude; cependant, quand l'automne arrivait, ils les poursuivaient jusqu'à ce que les jeunes eussent quitté la pièce d'eau.

On trouve une très-belle planche représentant de grandeur naturelle la Foulque et ses petits dans les *Uccelli che nidif. in Lomb.*,
tav. 74.

Les crins colorés du poussin de la Foulque Macroule sont d'un
jaune moins vif que ceux de la jeune Foulque à Crète et ne s'étendent
pas autant sur le dos et la poitrine ; la différence la plus essentielle
réside d'ailleurs dans la partie cornée du bec, qui est blanche chez
la Macroule et rouge vermillon chez sa congénère.

Revue et Mag. de Zoologie, (1865).

Pl. 15.

Alb. Marchand del. et Lith.

Imp. J. Langlois à Chartres.

Cursorius Isabellinus.

(*Revue et Mag. de Zoologie*, 1865, pl. 15.)

CURSORIUS ISABELLINUS, Temm.

COURVITE ISABELLE.

Cream-coloured Courser. — Europäischer Rennvogel. — Corrione Biondo.

Duvet laineux, court; d'un fauve isabelle très-clair, plus pâle sous le ventre et blanc sous la gorge; semé, sur la tête et le dos, de fines taches brunâtres et de duvet roux; nuque un peu uniteinte, indiquant un collier analogue à celui des vanneaux et des pluviers; bec très-faiblement arqué, jaunâtre ainsi que les pieds, au moins sur les peaux desséchées. Le poussin que nous donnons ici est d'une huitaine de jours et nous l'avons reçu d'Algérie sous le nom de *Petit Pluvier à collier,* mais nous recevions dans le même envoi un autre exemplaire plus âgé, ayant toutes les plumes poussées et permettant de constater avec certitude notre attribution du plus jeune au *Courvite Isabelle.*

Cet oiseau se reproduit dans les plaines arides de notre colonie africaine et dépose trois ou quatre œufs sur une simple dépression creusée au milieu des pierres ou abritée de quelques herbes.

Revue et Mag. de Zoologie. (1865).   Pl. 1.

Porphyrio Hyacinthinus.

(Revue et Mag. de Zoologie, 1866, pl. 1.)

PORPHYRIO HYACINTHINUS, Temm.

TALÈVE PORPHYRION.

Purple Waterhen. — Europäisches Purpurhuhn. — Pollo Sultano.

Duvet allongé, soyeux, entièrement noir avec reflets métalliques sur le dos et violacés sous le ventre; crins blancs très-longs sur la nuque et autour du cou, plus rares sur le dos, plus nombreux sur les ailes; pas de plaque frontale, sur la place de laquelle la peau est noire et recouverte de poils raides; occiput découvert comme chez les poussins des foulques et de la poule d'eau ordinaire; bec comprimé et beaucoup plus élevé que large, jaune paille; pieds jaunes, sur l'oiseau en collection. Notre poussin peut avoir vécu trois ou quatre jours et nous provient de la province de Tanger (Maroc).

Suivant M. Malherbe « la ponte est de deux à quatre œufs, dé-
» posés à terre sans nid ou parmi les herbes touffues des marais.
» L'incubation a lieu en février ou mars et les poussins naissent
» en avril; ils ont alors le bec, la plaque frontale et les pieds
» blancs. A peine nés, ils courent autour du nid et l'on assure qu'ils
» prennent leur nourriture sans le secours de la mère. Il font alors
» entendre un cri flexible et non interrompu comme les petits Pou-
» lets. » (Malherbe, *Faune ornith. de la Sicile*, p. 198, et Benoit,
Ornithologia Siciliana, p. 166).

D'après plusieurs auteurs, le bec, la callosité frontale et les tarses seraient bleuâtres; Brehm ajoute que les poussins apprennent bien vite à nager et à plonger.

Revue et Mag. de Zoologie, (1866). Pl. 2.

Fulica Cristata.

(Revue et Mag. de Zoologie, 1866, pl. 2.)

FULICA CRISTATA, Gmel.

FOULQUE A CRÊTE.

Crested Coot. — Kamm-Wasserhuhn. — Folaga Forestiera.

Duvet d'un noir profond à la base, cendré à l'extrémité sur la poitrine et sous le ventre ; occiput à peu près chauve semé de poils noirs ; crins d'un beau jaune rougeâtre sur tout le cou, depuis le bec jusqu'au derrière du cou, s'étendant beaucoup plus sur la poitrine que chez la Foulque Macroule, et se mêlant, sur le dos, à des crins blancs ; front et lorums couverts de petites caroncules d'un rouge vif ; mandibules jaunâtres à la base du bec sur l'oiseau desséché, et rouge vermillon à la partie cornée portant le bouton blanc ; extrémité du bec noire ; pieds noirâtres. Nous avons fait notre planche d'après un poussin d'une huitaine de jours reçu d'Algérie et chez lequel la plaque frontale n'est pas encore visible. Nous espérons que nos descriptions sont suffisantes pour faire ressortir les différences qui caractérisent les poussins des deux espèces de Foulques. Nous avons pu constater la précision de nos points de comparaison sur d'autres exemplaires des collections de MM. Vian et Deloche.

La Foulque à crête se reproduit communément dans les marais de l'Algérie française, elle pond de huit à douze œufs et niche dans les mêmes conditions que la Foulque Macroule. (Gerbe, *Ornith. Eur.*) Cette espèce s'est reproduite en domesticité à *Regent's Park* pendant l'année 1863. (*Journal l'Acclimation*, 20 juin 1875.)

Revue et Mag. de Zoologie, (1866).   Pl. 3.

Alb Marchand del. et Lith.   Imp J Langlois a Chartres.

Phasianus Colchicus.

(Revue et Mag. de Zoologie, 1866, pl. 3.)

PHASIANUS COLCHICUS, Linn.

FAISAN VULGAIRE.

Common Pheasant. — Gemeiner Fasan. — Fagiano.

Duvet court et laineux d'un gris jaunâtre, presque blanc sous la gorge et le ventre ; le dos varié de gris foncé et de brun ; une bande très-apparente sur l'épine dorsale ; une bande occipitale d'un brun vif couvrant la nuque et accompagnée de deux autres bandes plus étroites ; un trait partant des commissures du bec et devenant noir sur les oreilles ; bec et pieds grisâtres. Nous avons dessiné des poussins de deux jours nés en volière.

La ponte serait, à l'état sauvage, de dix à quatorze œufs ; en domesticité une Faisane dont on retire les œufs peut en pondre un bien plus grand nombre ; dans le cours d'un été, une seule femelle a pondu chez moi quarante-cinq œufs. L'incubation dure vingt-cinq à vingt-six jours, et les jeunes commencent à se servir de leurs petites ailes au bout de douze à quinze jours. Dans les bois les nids sont à terre au milieu des buissons. Le Faisan est si complétement acclimaté sur plusieurs points de notre département qu'on pourrait le considérer comme devenu indigène, si les moyens de destruction employés par les chasseurs ne réussissaient à le faire disparaitre des lieux où il cesse d'être protégé par la plus active surveillance.

Voir une planche du poussin dans l'ouvrage de Bettoni (*Uccelli che nidif. in Lomb.*, tav. 57).

Revue et Mag. de Zoologie.(1866.)   Pl. 4.

Alb. Marchand del et lith.   Imp. J. Langlois, à Chartres.

Phasianus Pictus.

(Revue et Mag. de Zoologie, 1866, pl. 4.)

PHASIANUS PICTUS, Linn.

FAISAN TRICOLORE.

PAINTED PHEASANT. — GOLD-FASAN. — FAGIANO DELLA CHINA.

Duvet d'un roux pâle en dessous et d'un brun de rouille sur les parties supérieures; deux bandes pâles se dessinent assez nettement sur le dos; bec et pieds jaunâtres. Nos poussins sont d'un et de deux jours et nés en volière. Le vertex à peu près uniteinte distingue les jeunes Faisans dorés du *P. Colchicus;* ils se rapprocheraient plutôt du *P. Argentatus,* mais le vertex de celui-ci est d'un roux violacé qui s'étend aussi sur le dos. En résumé, chez les trois espèces de Faisans les plus répandues dans les volières, les teintes des poussins ont des rapports avec le fond du plumage des femelles.

Les *Faisans dorés* et *argentés* ne doivent pas être admis comme oiseaux d'Europe, et, si nous en avons parlé, c'est à cause de leur degré d'acclimatation; le Faisan doré s'est même propagé à l'état sauvage, non sans protection, il est vrai, dans les grandes chasses gardées de Seine-et-Marne.

Notre figure est mal éclairée et l'ombre rend la gorge plus foncée que le dessus du cou alors qu'elle devrait être plus claire. Voir Bettoni *(Uccelli in Lomb.,* tav. 57).

Revue et Mag. de Zoologie. (1866).   Pl. 5

Vanellus Cristatus.

(Revue et Mag. de Zoologie, 1866, pl. 5.)

VANELLUS CRISTATUS, Vieill.

VANNEAU HUPPÉ.

Peewit. — Gehaubter Kibitz. — Fifa.

Duvet épais, long, filiforme à l'extrémité ; tête et dos d'un gris brunâtre semé de nombreuses taches brunes ; une série de taches noires suivant l'épine dorsale ; gorge et ventre couverts d'un duvet blanc dont la base est noire ; un collier blanc sur le dessus du cou, collier qui existe aussi chez les Pluviers ; un plastron noir sur le haut de la poitrine ; bec et pieds bruns. Nous avons dessiné notre planche d'après deux poussins âgés de deux ou trois jours ; nous en possédons un troisième, d'une quinzaine de jours, dont les plumes sont sorties sans que la disposition des couleurs soit modifiée.

Les nids de Vanneaux se trouvent en grand nombre dans les herbes sèches des dunes avoisinant la mer ; la ponte est le plus habituellement de quatre œufs ; l'incubation serait de seize à dix-huit jours ; aussitôt qu'ils sont éclos les petits suivent leurs parents dans les plages basses et les marais humides, où ils chassent les larves et les petits insectes. Gérardin raconte dans son *Tableau élémentaire d'Ornithologie* qu'il a souvent trouvé une nichée entière dont tous les petits étaient blottis l'un contre l'autre. Les œufs sont fort recherchés pour la table et sont l'objet d'un commerce assez important.

Les Vanneaux vivent très-bien dans un potager sans autre nourriture que celle des chenilles et des limaçons dont ils font une assez grande destruction, sans jamais attaquer les fruits ni les légumes.

Revue et Mag. de Zoologie, 1856.   Pl. 6.

Totanus Hypoleucos.

(*Revue et Mag. de Zoologie*, 1866, pl. 6.)

TOTANUS HYPOLEUCOS, Temm.

CHEVALIER GUIGNETTE.

Common Sandpiper. — Fluss-Uferläufer. — Pirro-Pirro Piccolo.

Duvet épais à la base et terminé par des soies très-fines ; devant du cou et ventre blancs, poitrine faiblement lavée de roussâtre ; parties supérieures de la tête et du corps d'un gris roux tout maculé de points noirs ; une raie noire partant des commissures du bec et s'arrétant au bas du cou ; une bande sur l'épine dorsale du niveau des ailes à la queue ; une raie très-fine brune traversant l'œil ; duvets de la queue allongés, moins toutefois que chez le *Tot. Macularius* dont il se distingue par son dos roussâtre, tandis que ce dernier a les parties supérieures d'un gris cendré ; bec et pieds brunâtres. Nous possédons deux exemplaires provenant d'Écosse, dont l'un semble sortir de l'œuf, l'autre est âgé de sept à huit jours, c'est celui que nous avons dessiné.

La Guignette cache son nid avec soin sous les broussailles au milieu des marais ; la ponte est de quatre œufs, l'incubation dure une quinzaine de jours, et les jeunes quittent le nid peu d'heures après leur éclosion ; Yarrell donne une vignette du poussin (*Brit. Birds, third edition*) et raconte avoir vu trois poussins en duvet s'échapper du nid à peine éclos, tandis qu'un quatrième commençait à percer sa coquille. Ils courent sur les grèves avec une vitesse extrême ; au bout de huit jours les plumes des ailes et de la queue apparaissent, et à quatre semaines ils prennent leur volée et deviennent indépendants.

Décrit par M. Mèves (*R. Z.*, avril 1864), et figuré par M. Bettoni (*Uccelli che nidif. in Lomb.*, tav. 89).

Revue et Mag. de Zoologie (1866). Pl. 7.

Ab. Marchand del et lith.   Imp. Langlois à Chartres.

Perdix Petrosa.

(Revue et Mag. de Zoologie, 1866, pl. 7.)

PERDIX PETROSA, Lath.

PERDRIX GAMBRA.

BARBARY PARTRIDGE. — FELSEN-HUHN. — PERNICE TURCHESCA.

Duvet d'un gris jaunâtre très-clair en dessous, roux et pointillé de petites barres noires sur le dos et les ailes ; cinq bandes blanchâtres sur le dos, dont une médiane sur l'épine dorsale ; dessus de la tête roux, un trait brun au-delà de l'œil ; bec et pieds jaunâtres.

La Gambra est très-répandue en Algérie, d'où nous avons reçu des poussins âgés de deux ou trois jours ; sa ponte est d'une quinzaine d'œufs, et ses habitudes de reproduction sont les mêmes que celles de ses congénères.

Le duvet de la jeune *Perdrix rouge* est plus gris et les pieds sont plus grisâtres que chez la jeune Gambra, mais la distribution des teintes est identique chez les deux espèces.

Revue et Mag. de Zoologie 186.. .   Pl. 8

Anas Tadorna.

(Revue et Mag. de Zoologie, 1866, pl. 13.)

ANAS TADORNA, Linn.

CANARD TADORNE.

Common Shelldrake. — Brand-Ente. — Volpoca.

Duvet blanc en dessous, brun sur le dessus de la tête et du corps ; les quatre taches blanches du dos très-grandes et se réunissant entre elles ; une petite tache brune indiquant la place de l'oreille ; bec et pieds noirs chez le poussin vivant. Nous avons choisi pour le dessiner un jeune âgé de deux jours.

Les Tadornes nichent habituellement dans des terriers abandonnés par les lapins, au milieu des dunes de sable, parfois aussi dans les rochers ; la ponte est de dix à douze œufs. Ayant rapporté des dunes de l'embouchure de la Somme une couvée de jeunes Tadornes saisis par un douanier pendant le trajet de leur terrier à la mer, ils devinrent très-familiers et nichèrent plusieurs fois avec succès dans un terrier artificiel, que nous avions établi pour eux sur le bord d'une pièce d'eau. Le mâle accompagnait ses petits dans le terrier et sa sollicitude pour eux égalait celle de la femelle. Nous pûmes surveiller une incubation qui dura du 13 mai au 14 juin.

D'autres Tadornes nous donnèrent une nichée en juin 1876 ; dès le premier jour les neuf petits poussins plongeaient et couraient sur l'eau avec une extrême rapidité pour saisir à chaque instant de petits insectes ; ils ne se préoccupaient pas de notre présence, mais ils disparaissaient dans les roseaux si un chien venait à approcher de l'eau ; leur crue fut très-prompte pendant la première semaine, puis ils restèrent plus stationnaires jusqu'à la sortie des plumes ; les becs commencèrent à devenir orangés au mois de septembre. Toute la petite bande s'est élevée sans aucun accident jusqu'à l'hiver.

Revue et Mag. de Zoologie, (1866.)   Pl. 9.

Anas Rutila.

(Revue et Mag. de Zoologie, 1866, pl. 9.)

ANAS RUTILA, Pall.

CANARD KASARKA.

RUDDY SCHIELDRAKE. — ROST-ENTE. — CASARCA.

Le poussin du Kasarka est assez semblable à celui du Tadorne; il en diffère par l'absence de tache sur l'oreille et par une teinte rousse assez vive sur le front et en avant des yeux; seulement cette teinte s'efface en collection. Notre exemplaire est un jeune de deux ou trois jours provenant d'Astrakan.

Ce Canard niche dans des terriers comme le Tadorne, sa ponte est de huit ou neuf œufs. Pallas dit en avoir vu beaucoup en captivité dans ses voyages, mais on lui a assuré qu'ils ne se reproduisaient pas; cependant si nous n'avons pas eu connaissance avant 1866 de jeunes élevés dans les jardins d'acclimatation, nous avons été heureux d'apprendre depuis cette époque que plusieurs éleveurs ont réussi à placer leurs Kasarkas dans des conditions assez favorables pour leur permettre de mener à bien leurs couvées.

Revue et Mag. de Zoologie. (1866).   Pl. 10.

Alb. Marchand del. et Lith.   Imp. J. Langlois, à Chartres

Tetrao Scoticus.

(*Revue et Mag. de Zoologie*, 1866, pl. 10.)

TETRAO SCOTICUS, Lath.

TETRAS ROUGE.

RED GROUSE. — SCHOTTLANDS ROTHHUHN. — LAGOPO DI SCOZIA.

Duvet laineux et très-épais; d'un jaune d'ocre plus pâle sous la gorge et le ventre, plus foncé sur la poitrine et presque entièrement caché sur les parties supérieures par des taches brunes et noires formant un manteau; une calotte brun rouge, bordée de noir, couvre toute la tête; taches noires en arrière de l'œil; tarses et pieds garnis d'un duvet épais. Nous possédons deux exemplaires de deux ou trois jours provenant d'Écosse. Ces poussins sont beaucoup plus foncés que leurs congénères, dont ils se distinguent au premier aspect.

Le nid du Tétras rouge est à terre caché dans les buissons les plus inaccessibles des montagnes; sa ponte est de huit à quatorze œufs suivant plusieurs auteurs, et seulement de six à sept d'après M. Morris; les jeunes quittent le nid dès leur sortie de l'œuf, et ils sont guidés avec sollicitude par leurs parents, avec lesquels ils restent jusqu'à la fin de l'automne, époque à laquelle ils sont dispersés par les chasseurs.

Voir le vertex, *R. Z.*, 1868, fig. 4, pl. LXXVI.

Revue et Mag. de Zoologie (1866).   Pl. 11.

(Revue et Mag. de Zoologie, 1866, pl. 11.)

TETRAO SALICETI, Temm.

TETRAS DES SAULES.

Willow Grouse. — Moor-Schneehuhn. — (. . . . . . .)

Duvet droit, laineux, très-épais, d'un jaune verdâtre, légèrement marbré de noirâtre sur la poitrine et les flancs, et d'un brun roussâtre sur le dos et les ailes; tache occipitale brun rouge, bordée de deux bandes noires partant de la naissance du bec et se réunissant au bas de la nuque en une seule bande, qui se prolonge sur le dos; une raie brune partant de l'œil et un trait noir au-dessous de l'œil; bec bleu de corne liseré de blanc; tarses et pieds entièrement couverts de duvets. La ponte est de huit à douze œufs, placés à terre, sous un buisson, sans aucun nid; aussitôt après l'éclosion, la famille gagne des lieux marécageux pour y trouver des larves de moucherons que les petits affectionnent; ceux-ci courent sous la surveillance du père et de la mère, également attentifs pour eux, et, s'ils sont effrayés, ils se cachent isolément, et se tiennent immobiles au point de se laisser saisir à la main. M. Bree donne ces derniers détails (*Birds of Eur.*) et M. Mèves a décrit ce poussin (*R. Z.*, 1864). Notre poussin, âgé de cinq à six jours, proviendrait du Jemtland; nous avons reçu d'une source différente un autre duvet plus âgé de quelques jours, au sujet duquel nous ferons remarquer que les ailes des jeunes Tétras commencent à se développer dès les premiers jours de l'éclosion, et contribuent beaucoup à augmenter leur agilité, tout imparfaites qu'elles soient pour le vol. Voir le vertex de ce poussin (*R. Z.*, 1868, pl. xxi, fig. 5, et Pouss., pl. lxxvi).

Revue et Mag. de Zoologie (1866).   Pl. 12

Uria Grylle.

(*Revue et Mag. de Zoologie*, 1866, pl. 12.)

URIA GRYLLE, Lath.

GUILLEMOT A MIROIR BLANC.

BLACK GUILLEMOT. — GRYLLE-LUMME. — (.......)

Duvet très-épais, laineux à la base et soyeux à l'extrémité ; d'un brun noirâtre un peu plus foncé sur le dos ; bec et pieds noirâtres. Notre poussin, de deux ou trois jours, nous provient des îles Shetland ; nous posssédons un autre jeune parvenu à la moitié de la taille de l'adulte, ses plumes naissantes sont variées de blanc et de noir. Les Guillemots se réunissent en bandes nombreuses pour la reproduction, et la ponte est d'un seul œuf, quelquefois de deux, déposés dans les anfractuosités des rochers ; Yarrell prétend que la femelle se tient droite sur son œuf pendant l'incubation qui durerait un mois ; les petits sont nourris de débris de poissons par le père et la mère, jusqu'à ce qu'ils puissent gagner la mer ; nous ne supposons donc pas que le poussin puisse se tenir debout, ainsi que nous l'avons figuré à une époque où nous ignorions ses habitudes. D'après Naumann, le petit Guillemot se lance d'un bond du haut des rochers dans l'eau, et souvent on rencontre à plusieurs lieues de la côte de vieux oiseaux accompagnés de leurs petits à peine à moitié développés ; le saut des rochers n'est pas toujours heureux, les petits, en sautant, tombent quelquefois sur les pierres et se tuent. (Brehm, *Vie des Animaux*, édit. Z. Gerbe.)

Revue et Mag. de Zoologie, (1866).   Pl. 16.

Alb. Marchand. del et lith.   Imp. Lorgeois à Chartres

Vultur Fulvus.

(*Revue et Mag. de Zoologie*, 1866, pl. 16.)

VULTUR FULVUS, Briss.

VAUTOUR GRIFFON.

Griffon Vulture. — Weissköpfiger Geier. — Grifone.

Duvet léger, clair, plutôt court; d'un blanc sale uniteinte; la tête, le cou et le jabot couverts de duvet court et serré ; bec très-fort, couleur de corne ; cires noirâtres sur notre exemplaire, qui n'est pas très-frais. Notre planche est réduite aux trois cinquièmes d'après un poussin de quelques jours reçu des Pyrénées espagnoles, de la province de Biscaye ; il existe dans les galeries du Muséum de Paris un duvet dont le bec est très-fort.

La ponte des *Vautours fauves* est d'un et parfois de deux œufs, elle a lieu dans les Pyrénées à la fin de février; l'aire est très-vaste et placée au milieu des rochers les plus inaccessibles ; son voisinage exhale des émanations repoussantes causées par les aliments en putréfaction que les père et mère dégorgent de leur jabot pour leurs petits pendant le temps qu'ils les nourrissent, c'est-à-dire jusqu'à ce que ceux-ci soient capables de voler à de grandes distances. Dans le cours d'un voyage que nous fîmes aux Pyrénées, en 1850, nous vîmes un grand nombre de griffons ; mais nous avons constaté pendant trois saisons passées, il y a peu d'années, dans les mêmes montagnes, que ces oiseaux y sont devenus rares au moins pendant les mois de juillet et d'août.

Revue et Mag. de Zoologie, (1866).   Pl. 17.

Cygnus Olor

(Revue et Mag. de Zoologie, 1866, pl. 17.)

CYGNUS OLOR, Vieill.

CYGNE TUBERCULÉ, ou DOMESTIQUE.

MUTE SWAN. — HÖCKER-SCHWAN. — CIGNO REALE.

Duvet épais et soyeux d'un gris pâle, presque blanc sur la tête et sous le ventre, plus teinté de brun sur le dos; bec et pieds d'un noir brun. La planche est réduite dans la proportion des deux cinquièmes d'après un poussin de cinq jours né sur une de nos pièces d'eau.

Le Cygne rassemble les matériaux qui se trouvent le plus à sa portée et son nid forme un monceau d'herbes et de débris déposés sur le rivage ou au milieu des roseaux. Sa ponte est de six à huit œufs; le mâle défend son nid avec une grande jalousie, et partage avec la femelle les soins de l'incubation, qui dure six semaines ; les poussins nagent dès le jour de leur éclosion, on les voit parfois sur le dos de la femelle au milieu de l'eau.

Suivant M. Gerbe (*Ornith. Eur.*), le duvet, lors de la naissance, est gris blanc chez les mâles, et gris brun chez les femelles. L'espèce décrite par Yarrell, sous le nom de *Cygnus Immutabilis*, repose comme caractère spécifique sur ce que les jeunes sont tous entièrement blancs dès leur éclosion, et qu'ils restent blancs sous leur premier plumage. D'après le baron Fallon (*Monog. des Ois. de la Belgique*), on élèverait cette race dans plusieurs jardins zoologiques, et d'après M. Brehm (*Vie des Animaux*, édit. Z. Gerbe), le *C. Immutabilis* ne serait qu'une variété du Cygne domestique attendu que dans une même couvée il peut se trouver des jeunes blancs et d'autres gris.

Un poussin du Cygne tuberculé se trouve dans les *Uccelli che nidif. in Lomb.*, tav. 99.

Revue et Mag. de Zoologie, (1867)

Pl. 6

Pandion Haliaetus.

(Revue et Mag. de Zoologie, 1867, pl. 6.)

PANDION HALIÆTUS, Bonap.

AIGLE BALBUZARD.

Osprey. — Fluss-Adler. — Falco Pescatore.

Duvet ras, laineux, brun sur la tête, le dos et le cou; le jabot brun foncé, nettement tranché de la poitrine, qui est d'un blanc sale; une large bande grisâtre suivant l'épine dorsale; le duvet brun porte à son extrémité, surtout aux ailes, des débris du duvet blanchâtre qui couvre les oiseaux de proie à l'instant de leur éclosion, et commence à tomber par petites houppes dès le quatrième ou le cinquième jour de leur existence. Ce premier duvet blanc, long, soyeux ou floconneux, très-léger, généralement assez clair, est remplacé par un duvet plus serré, plus laineux, duquel sortent les premières plumes; ces plumes naissantes sont ici d'un fauve clair, qui borde les plumes de la livrée du premier âge du Balbuzard, et ce poussin donne une idée très-exacte des transformations du duvet chez les jeunes rapaces. Cet exemplaire, que nous avons réduit de moitié, peut avoir une dizaine de jours, et il nous a été envoyé comme provenant d'Arkangel; nous en avons reçu depuis un second, un peu plus jeune, chez lequel ces trois natures d'habit sont encore plus visibles, parce qu'il a conservé une plus grande quantité du premier duvet blanc; il serait intéressant de voir un jeune au sortir de l'œuf, nous ne doutons pas qu'il ne soit entièrement blanchâtre.

Le Balbuzard place son aire au sommet des arbres ou sur des rochers, suivant les localités; sa ponte est de deux ou trois œufs; les parents nourrissent leurs petits de poisson, et ils leur en apportent même après qu'ils ont pris leur vol. Les pieds du jeune que nous avons dessiné sont en très-mauvais état, et en les reconstituant nous avons placé le pouce sur le côté extérieur du pied, c'est une inadvertance inexcusable.

Chacun sait que les Balbuzards s'emparent des poissons jusque dans les eaux ; nous fûmes une fois, avec mon père, témoins de ce fait sur l'étang de Boisvinet, dans le Perche. Un de ces oiseaux se tenait à une dizaine de mètres d'élévation, suspendu comme une Crécerelle au-dessus d'un champ de trèfle ; tout à coup, il se laissa tomber en faisant jaillir l'eau à plus de deux mètres de hauteur ; à cet instant ses ailes étaient perpendiculaires et, en les abaissant sur la surface de l'eau, il put, d'un seul battement de ses pennes, reprendre son essor en enlevant dans ses serres un poisson qui nous parut dépasser le poids d'un kilogramme.

Revue et Mag. de Zoologie, (1867)   Pl. 5.

Anas Sponsa.

(Revue et Mag. de Zoologie, 1867, pl. 5.)

ANAS SPONSA, Linn.

CANARD DE LA CAROLINE.

American Summer Duck. — Brautente, Brehm. — Anatra d'estate [*].

Duvet d'un brun olivâtre sur la tête et le dos; les quatre taches, peu visibles à la naissance des ailes, arrondies sur les régions lombaires; joues, poitrine et ventre d'un blanc faiblement verdàtre chez le poussin vivant; une bande sourcilière blanche et un trait noir en arrière de l'œil; duvets de la queue fort allongés; bec et pieds d'un noir plombé. Nous avons représenté un poussin de trois jours, né en volière.

Ce charmant canard n'est pas admis, sans contestation, parmi les oiseaux d'Europe; en effet, il est très-répandu dans les parcs et les jardins, et les individus tués accidentellement sont très-vraisemblablement échappés à la domesticité.

L'Aix Sponsa ou Canard de la Caroline nicherait à l'état sauvage dans les arbres creux, dans un trou creusé par un Pic de grande taille ou sur une branche penchée au-dessus de l'eau; la ponte serait de sept à douze œufs, et l'incubation durerait, d'après Brehm, de vingt à vingt-six jours. Nous avons vu une femelle couver pendant trente jours sur un nid qu'elle avait construit en complète liberté, elle l'avait placé à terre et tout au bord de l'eau.

[*] *Storia Degli Uccelli.*

Revue et Mag. de Zoologie.(1862)   Pl. 4.

Tetrao Urogallus

(Revue et Mag. de Zoologie, 1867, pl. 4.)

TETRAO UROGALLUS, Linn.

TÉTRAS AUERHAN.

CAPERCAILLIE, or WOOD GROUSE. — AUER-HUHN. — UROGALLO.

Duvet très-épais, serré, droit; teinte générale d'un jaune verdâtre lavé de roux sur la poitrine et les parties supérieures et mélangé sur le dos de nombreuses taches brunes; tête d'un jaune assez clair varié de taches brunes, dont la plus apparente est sur le front en forme de croissant; bec allongé, tarses couverts de duvet et doigts dégarnis de poils, caractères qui existent aussi chez le jeune T. Tetrix, et séparent les poussins des *Lagopèdes* de ceux des *Tétras*. Nous avons dessiné notre planche d'après un exemplaire de plusieurs jours reçu de Pau; sur les trois poussins que nous possédons les ailes sont apparentes, ce qui prouve que les plumes poussent dès les premiers jours, comme chez les perdrix.

Le nid est à terre dans les broussailles, et uniquement formé de mousse; la ponte est de huit à douze œufs; l'incubation dure de vingt-huit à trente jours. Les jeunes suivent la mère dès leur naissance et vivent avec elle jusqu'au printemps suivant. Brehm dit que les rémiges se montrent quelques jours après l'éclosion; les plumes du dos et de la poitrine paraissent ensuite, et enfin celles de la tête; il ajoute que les jeunes coqs de bruyères, que l'on a fait éclore sous des poules, sont plus difficiles à élever que des faisans et qu'ils ne mangent que des insectes et des œufs de fourmis, mais qu'en Scandinavie on a réussi plusieurs fois à faire reproduire des Tétras Urogalles en captivité.

On trouve une excellente planche de poussins revêtus de leurs premières plumes dans les *Uccelli che nidif in Lomb.*, tav. 108. Voir aussi la description de M. Mèves (*R. Z.*, 1854), et le vertex dans notre planche (*R. Z.*, 1868, pl. xxi, fig. 1, et Pouss., pl. lxxvi).

Il est probable que les poussins hybrides ayant pour père un *T. Tetrix* et pour mère un *T. Urogallus* se rapprochent également de leurs parents, et comme ces hybrides ne sont pas relativement fort rares, on peut rencontrer des poussins présentant plus ou moins d'analogies avec ceux de l'une ou de l'autre espèce.

Revue et Mag de Zoologie, (1867.)　　　　Pl. 7.

Tetrao Tetrix

(Revue et Mag. de Zoologie, 1867, pl. 7.)

TETRAO TETRIX, Linn.

TÉTRAS BIRKHAN.

BLACK GROUSE. — BIRK-HUHN. — FAGIANO DI MONTE.

Duvet d'un jaune brunâtre pâle, roux sur le dos et les ailes, dont les plumes sont déjà sorties ; la base du duvet est noire sur le dos, et ce noir, paraissant à la surface, y forme quelques taches ou ondulations ; une tache noire en croissant, sur le front entre les yeux, le rapproche du poussin du jeune coq de bruyères, dont il diffère par une calotte d'un roux vif, commençant au-delà d'une ligne passant par les yeux et se terminant sur la nuque ; cette calotte est entourée de noir qui se réunit sur le cou ; une moustache très-fine partant des commissures du bec ; une série de taches brunes au-delà de l'œil sur la région auriculaire ; tarses couverts de duvet, pieds dénudés. Nous avons dessiné cette planche d'après un jeune de cinq ou six jours reçu du Jutland.

Le nid est caché à terre dans les bruyères ou les buissons et la ponte est de huit à douze œufs ; les petits naissent vers le vingt-quatrième jour de l'incubation ; quelques moments après être sortis de la coquille, ils courent avec légèreté à la suite de leur mère qui les conduit à la recherche de leur pâture ; du huitième au dixième jour ils commencent à se couvrir des plumes de l'enfance aux ailes et à la queue (Bailly, *Ornith. Sav.*). Ils savent très-bien se cacher, la mère les rappelle par un petit cri lorsqu'ils s'égarent et ce n'est qu'au bout de trente à quarante jours qu'ils peuvent se percher sur des arbres avec elle. (Bouteille, *Ornith. du Dauphiné.*)

Voir le Tétras Lyre et ses poussins dans les *Uccelli che nidif. in Lomb.*, tav. 85. Voir aussi le vertex dans notre planche spéciale (*R. Z.*, 1868, pl. XXI, fig. 2, et Pouss., pl. LXXVI).

La calotte marron de ce poussin a été signalée par M. Gerbe
(*Ornith. Eur.*) et par M. Mèves (*R. Z.*, 1864).

L'observation que nous avons faite pour les poussins métis des *T.
Tetrix* et *T. Urogallus*, peut s'appliquer aux jeunes hybrides du
Tetrao Tetrix et du *Lagopus Albus*.

Revue et Mag. de Zoologie, (1867).

Pl. 8.

Totanus Clareola.

(Revue et Mag. de Zoologie, 1867, pl. 8.)

TOTANUS GLAREOLA, Temm.

CHEVALIER SYLVAIN.

Wood Sandpiper. — Bruch-Wasserläufer. — Pirro-Pirro Boscareccio.

Duvet épais, se terminant en soies fines, d'un fauve isabelle varié de noir sur les parties supérieures, d'un blanc faiblement lavé de roux sous la gorge et le ventre ; le duvet blanc est d'un gris noirâtre à la base, le noir des parties supérieures forme principalement trois larges bandes sur le dos, et sur la tête une calotte noire un peu brune au centre, qui distingue le poussin du Sylvain de ceux de ses congénères dont nous donnons les planches ; un trait noir relie cette calotte à la naissance du bec ; le front est blanchâtre, une bande noire traverse l'œil. Bec noir, plus court que la tête, pieds très-forts et très-longs. Notre planche est établie d'après deux poussins de quatre ou cinq jours, reçus de Gothland.

Le Sylvain niche dans les régions septentrionales, sa ponte est de quatre œufs ; le nid, d'après M. Gerbe, serait à terre dans les prairies humides, quelquefois dans les bruyères, d'autres fois sur les arbres, dans des nids abandonnés.

Les poussins des Chevaliers courent dès le premier jour après leur éclosion ; le père et la mère ont une égale sollicitude pour leur apprendre à saisir les petits insectes, à voleter et à se soustraire aux recherches de leurs ennemis. Nous avons remarqué sur les têtes des poussins de cinq espèces de Chevaliers des différences assez sensibles et nous avons groupé ces petites têtes sur une même planche afin de faire ressortir plus facilement les nuances qui peuvent aider à distinguer ces espèces les unes des autres.

Le vertex du jeune Sylvain se trouve à la figure 3 de notre planche 105 *(Rev. Zool.,* 1873, pl. xi, fig. 3).

Revue et Mag. de Zoologie, (1867).

Pl. 9.

A. Marchand del. et lith.

Imp. J. Langlois à Chartres.

Totanus Calidris.

(Revue et Mag. de Zoologie, 1867, pl. 9.)

TOTANUS CALIDRIS, Temm.

CHEVALIER GAMBETTE.

Common Redshank. — Gambett-Wasserläufer. — Pettegola.

Duvet épais, se terminant en soies fines, d'un fauve isabelle, clair sur les parties supérieures, lavé de roux sur le sommet de la tête et les ailes ; duvet blanc sous la gorge, faiblement lavé de roux sous le ventre, ce duvet est assez transparent pour qu'on aperçoive sa base, qui est d'un cendré noirâtre ; le dessus de la tête est varié de taches et de petites bandes noires ; un trait noir traverse l'œil ; les taches noires forment sur le dos trois larges bandes principales, assez confuses toutefois ; bec et pieds brunâtres, ces derniers plus développés que le bec. Nous possédons cinq exemplaires bien étagés depuis les premiers jours après l'éclosion jusqu'à la transformation en jeunes couverts de plumes duveteuses.

Le Gambette niche dans les prairies humides ou dans les dunes de sable voisines des marais ; le nid se compose de quelques herbes et de plumes déposées sur une touffe de plantes, ou dans une petite dépression du sol ; la ponte est de quatre œufs, les petits quittent le nid aussitôt qu'ils sont éclos, et la mère est seule chargée de les surveiller.

Nous avons figuré le vertex de ce poussin, planche 105, fig. 2 (*Rev. Zool.*, 1873, pl. xi, fig. 2).

Revue et Mag. de Zoologie, (1867.)   Pl. 10.

Otis Tarda.

(Revue et Mag. de Zoologie, 1867, pl. 10.)

OTIS TARDA, Linn.

OUTARDE BARBUE.

GREAT BUSTARD. — GROSSER TRAPPE. — STARDA.

Duvet épais, court et serré, paraissant tondu à l'extrémité, d'un fauve nankin faiblement lavé de roux, surtout sur le devant du cou, varié de nombreuses taches brunes sur la tête et le dos : quelques taches isolées sur le cou et les flancs; tête aplatie, bec fort, bouton apparent; iris jaune orange; tarses très-gros et d'un gris verdâtre. Notre planche est réduite aux deux tiers d'après un poussin de deux ou trois jours provenant de la Russie méridionale; nous possédons deux autres jeunes d'une dizaine de jours, dont les pieds sont très-forts, et un quatrième dont les plumes commencent à pousser, bien que son bec porte encore le marteau de la délivrance; tous ont en collection le bec et les pieds brunâtres, et une place dénudée en arrière de l'œil. Nous avons teinté les tarses en verdâtre, d'après les indications de M. Gerbe, et nous avons mis l'iris jaune orange, bien que les poussins aient habituellement les yeux d'une couleur foncée.

L'Outarde barbue niche dans les grandes plaines arides, habituellement dans un champ de seigle, ou à découvert dans les steppes de la Russie méridionale ; la ponte est de deux ou trois œufs déposés dans une légère dépression creusée par la femelle et tapissée de quelques herbes sèches; l'incubation durerait environ trente jours. D'après M. Bailly, les poussins suivent leur mère à la pâture quelques heures après leur éclosion ; au moindre danger ils savent très-bien se cacher et se dissimuler très-facilement grâce à la couleur de leur duvet. « Les jeunes Outardes se nourrissent de petits coléoptères, de sauterelles et de larves que leur mère prend et leur donne; ce n'est qu'assez tard qu'ils apprennent à chercher eux-mêmes leurs aliments et à ce moment ils commencent à manger des substances végétales;

à un mois ils peuvent voleter et quinze jours après ils volent assez bien et accompagnent leurs parents dans leurs excursions. » (Brehm, *Vie des Animaux,* édit. Z. Gerbe.)

Les grandes Outardes, qui visitent la Beauce pendant les hivers rigoureux, ne s'y fixent pas pour la reproduction, sans doute parce qu'elles ne trouvent pas nos plaines assez solitaires. Elles nichaient quelquefois en Champagne, mais elles y sont devenues rares depuis la plantation des terrains arides en sapins. (M. Guillot., *Cat. des Ois. de la Marne.*)

Revue et Mag. de Zoologie,(1867.)   Pl. 11

Numenius Arquata.

(*Revue et Mag. de Zoologie*, 1867, pl. 11.)

NUMENIUS ARQUATA, Lath.

COURLIS CENDRÉ.

Common Curlew. — Grosser Brachvogel. — Chiurlo Maggiore.

Duvet allongé, fort épais et soyeux, d'un jaune roussâtre semé de larges taches brunes sur les parties supérieures, plus pâle et sans taches sous la gorge et le ventre ; le brun dominant sur l'occiput et un trait noir reliant cette calotte à la naissance du bec ; une bande en arrière de l'œil ; bec droit, de la longueur de la tête ; pieds très-forts d'un brun grisâtre ; d'après un poussin de six à sept jours reçu de Suède, et que nous avons réduit dans la proportion des trois cinquièmes. Nous avons reçu sous le même nom un autre poussin d'une teinte cendrée beaucoup plus pâle, dont la calotte est plus tranchée, et qui n'a pas la teinte jaune de celui que nous avons dessiné ; nous considérons le second comme un jeune Corlieu, et nous l'avons figuré sur notre Planche 117.

Yarrell donne une vignette du Courlis en duvet ; suivant lui, le nid est composé de feuilles sèches et situé au milieu des grandes herbes ou des bruyères ; ce nid ne serait guère qu'une dépression causée par le poids de l'oiseau sur le sable ou sur les herbes légères. La ponte est de quatre œufs, et les petits courent dès qu'ils sont éclos, bien qu'ils ne soient capables de voler que longtemps après ; le père et la mère les entourent d'une égale sollicitude.

Revue et Mag. de Zoologie, (1867.)   Pl. 12.

Anser Ægyptiacus.

(Revue et Mag. de Zoologie, 1867, pl. 12.)

ANSER ÆGYPTIACUS, Briss.

OIE ÉGYPTIENNE.

Egyptian Goose. — Ægyptische Fuchs-Gans. — Oca d'Egitto.

Duvet épais de la nature de celui des canards, d'un brun roux sur le dessus de la tête et sur le cou ; dos brun sauf les quatre taches blanches, dont deux s'étendent sur les ailes ; front, joues, poitrine et ventre d'un blanc faiblement lavé de roussâtre, un trait roux en arrière des yeux, et une petite tache sur les joues : bec et pieds brunâtres. Nous avons dessiné cette planche d'après des poussins réduits aux deux tiers, n'ayant vécu qu'un jour et nés sur notre pièce d'eau à Berchères ; ces poussins présentent une analogie frappante avec ceux des Tadornes et des Casarcas.

L'Oie d'Egypte pond en domesticité de six à neuf œufs, et niche deux fois dans l'année. Elle fait sa première ponte dans le mois de janvier, et l'éclosion a lieu en mars ; mais la saison rigoureuse ne permet pas souvent à cette première couvée de s'élever dans notre climat ; cependant nous avons vu quelques jeunes résister, et, lorsqu'ils étaient devenus forts, les parents les chassaient, et la femelle recommençait une nouvelle ponte, qui ne dépassait pas six œufs ; nous avons cru remarquer que des couples bien acclimatés et nés sur les lieux ne commençaient à pondre qu'à la fin de février ou au commencement de mars ; l'incubation dure de vingt-sept à vingt-huit jours. Les jeunes s'élèvent très-facilement, sans soins particuliers, et vont très-volontiers à l'eau dès leur naissance ; le père montre une grande jalousie pour les protéger, et il les accompagne de cris incessants assez désagréables. Nous avons toujours vu les nids à terre, cependant cette oie nicherait en Afrique sur des arbustes toutes les fois qu'elle en trouverait à la proximité des eaux qu'elle habite.

Nous possédons une Oie d'Égypte tirée près d'Illiers (Eure-et-Loir)
vers 1812 ; il est supposable que c'est un cas de l'apparition en France
de cette espèce à l'état sauvage, car elle n'était pas alors répandue
en domesticité comme de nos jours, où il est difficile de distinguer
un voyageur africain d'un sujet échappé et ayant recouvré sa liberté
depuis plus ou moins longtemps. Or ces oiseaux fuient fréquemment
les lieux où ils ont été élevés en captivité, et ceux qui se sou-
mettent le plus paisiblement à une domesticité qui prévoit tous leurs
besoins, deviennent inquiets à l'époque des grandes migrations,
essaient les forces de leurs ailes, puis disparaissent s'ils en ont la
possibilité.

Revue et Mag. de Zoologie, (1867.)   Pl. 13.

Anas Boschas.

(Revue et Mag. de Zoologie, 1867, pl. 13.)

ANAS BOSCHAS, Linn.

CANARD SAUVAGE.

Wild Duck. — Stock-Ente. — Germano Reale.

Duvet épais, filiforme à l'extrémité, d'un jaune roussâtre en dessous, d'un brun olivâtre sur la tête, le dos et le flanc des cuisses ; une bande sourcilière jaunâtre ; une bande brune traversant l'œil ; une tache vers l'extrémité de la joue ; une autre petite tache brune près de l'ouverture du bec ; les quatre taches du dos jaunâtres, ainsi que le bord des ailes ; le duvet, noirâtre à la base, est visible à travers le duvet jaune, principalement à la poitrine ; bec et pieds d'un brun olivâtre. Nous avons dessiné un poussin de trois ou quatre jours né sur notre pièce d'eau ; le père et la mère étaient des Canards sauvages blessés dont on avait coupé les ailes, nous possédons deux duvets provenant de Suède, qui sont plus roux. M. Mèves a décrit ce poussin (*R. Z.,* 1864).

La ponte est de dix à quatorze œufs ; la durée de l'incubation est de vingt-cinq à vingt-huit jours ; les jeunes ne peuvent voler que lorsqu'ils ont atteint toute leur grosseur, au bout de deux mois, on les appelle *halebrans,* et ils sont alors le but de chasses spéciales. Les nids sont à terre dans les roseaux, souvent dans les taillis ou les herbes sèches ; nous en avons trouvé un dans la forêt de Sillé-le-Guillaume (Sarthe), au milieu de bruyères épaisses, sur le sommet d'un coteau sans arbres à 500 mètres au moins d'un étang. On prétend que la femelle pond parfois dans des nids de pies ou de corbeaux, et qu'elle transporte ses petits dans son bec, jusqu'à l'eau qui leur est indispensable. Yarrell cite, à ce sujet, les témoignages de Montaigu et de Selby (*Brit. Birds*), et Bailly (*Ornith. Sav.*) dit que les pêcheurs du lac du Bourget sont, presque tous les ans, témoins de ce fait, que nous n'avons jamais eu occasion de constater dans notre département. Brehm résume l'opinion la plus répandue en disant que si le nid est élevé au-dessus du sol, les petits sautent à bas sans souffrir de leur chute et que jamais leur mère ne les descend dans son bec comme on l'a prétendu (*Vie des Animaux,* édit. Z. Gerbe). Les jeunes Canards grossissent très-rapidement, les mâles sont les plus forts, mais dans une même bande il y en a de plus petits qui n'atteignent que fort en retard la taille de leurs frères ou de leurs sœurs

Voir la planche de Bettoni représentant le Canard sauvage de grandeur naturelle accompagné de ses poussins. (*L'ccelli che nidif. in Lomb.,* tav. 86.)

Revue et Mag. de Zoologie, (1867)

Pl. 25.

Alb. Marchand, del. et Lith.

Imp. Becquet à Paris.

Ardea Minuta.

(Revue et Mag. de Zoologie, 1867, pl. 23.)

ARDEA MINUTA, Linn.

HÉRON BLONGIOS.

LITTLE BITTERN. — KLEINE ROHRDOMMEL. — NONNOTO.

Duvet rare, long, droit et soyeux, d'un fauve isabelle plus roux sur la tête et le dos; les soies qui couronnent la tête sont les plus allongées; le bec, le tour des yeux, les lorums et les parties nues sur les épaules ou sous le ventre, d'un jaune verdâtre, qui ferait croire à la décomposition si l'oiseau n'était vivant; les pieds très-gros et presque transparents, d'un jaune moins verdâtre que le bec; les yeux sont ternes, et la pupille, d'un noir bleuâtre, se confond avec l'iris, parce que le cristallin n'est pas encore très-limpide, et n'accorde aux poussins qu'une vue confuse dans les premiers temps de leur séjour au nid. Ce jeune Blongios, âgé de peu de jours, était dans l'impossibilité de se tenir debout et restait appuyé sur les talons. Nous en devons la communication à M. le Dr Louis Bureau, de Nantes, qui a eu l'extrême obligeance de nous le confier pour le dessiner, et de nous envoyer les renseignements qui précèdent sur la pose et les couleurs de l'oiseau vivant, qu'il a déniché lui-même, le 20 juin 1867, dans le département de la Loire-Inférieure.

Le nid est à terre ou sur une souche; il est composé de feuilles de plantes aquatiques entrelacées avec les tiges des herbes qui l'entourent. La ponte est de quatre à six œufs; la durée de l'incubation serait de seize à dix-sept jours. Les Blongios naissent incomplétement couverts d'un duvet très-fin et fort long sur la tête; le père et la mère les nourrissent dans le nid jusqu'à ce qu'ils soient en état de voler; cependant, s'ils sont troublés, ils s'enfuient hors du nid dans les roseaux pour s'y cacher.

Nous possédons deux jeunes ayant toutes leurs plumes; on les prit sur le nid, à Saint-Maur-sur-Loir (Eure-et-Loir), le 19 juin 1868.

Ils nous furent apportés vivants par le Dr Voyet. Leurs poses étaient grotesques, et ils tenaient, le plus habituellement, la tête et le bec absolument perpendiculaires.

M. Bettoni a représenté une nichée de Blongios. (*Uccelli che nidif. in Lomb.*, tav. 3.)

Revue et Mag. de Zoologie, (1867.)   Pl.24.

Anas Crecca

(Revue et Mag. de Zoologie, 1867, pl. 24.)

ANAS CRECCA, Linn.

CANARD SARCELLE D'HIVER.

Teal. — Kriek-Ente. — Alzavola.

Duvet d'un jaune roussâtre en dessous, brun sur la tête et les parties supérieures ; roux entre le bec et l'œil, s'étendant sur les joues jusque derrière le cou ; bande sourcilière claire ; une bande noire en arrière de l'œil ; cuisses brunes ; les quatre taches du dos très-petites ; becs et pieds brunâtres ; duvets de la queue allongés, moins cependant que chez la jeune Sarcelle d'été, qui diffère de celle-ci par une tête plus forte, plus allongée, et surtout par un bec très-développé. Telle est, du moins, l'opinion que nous nous sommes faite d'après huit exemplaires des deux espèces que nous avons reçus d'Allemagne de différentes provenances. Dessiné d'après un poussin de trois ou quatre jours.

La Sarcelle d'hiver niche fréquemment en France dans les joncs et les buissons à proximité de l'eau, elle construit un nid considérable composé de feuilles sèches et de feuilles de roseaux, le couvre avec soin de duvet, et pond jusqu'à douze œufs. Les jeunes sont très-alertes dès leur naissance, et sont élevés par leur mère.

Revue et Mag. de Zoologie, (1868.) Pl. 1.

Perdix Rubra.

(*Revue et Mag. de Zoologie*, 1868, pl. 1.)

PERDIX RUBRA, Linn.

PERDRIX ROUGE.

Red-legged Partridge. — Roth-Huhn. — Pernice.

Duvet épais, assez court; d'un fauve isabelle très-clair en dessous, d'un brun roux sur le dessus de la tête et les parties supérieures; l'extrémité de chaque brin de duvet est noire, ce qui forme un pointillé à la surface; bandes blanchâtres sur le dos; un trait noir en arrière de l'œil. Le bec et les pieds sont grisâtres en collection; mais M. Bailly dit (*Ornith. Sav.*) que les tarses sont couleur de chair rougeâtre. Les poussins de la Perdrix rouge, de la Bartavelle et de la Gambra se ressemblent beaucoup; cependant il est facile de les distinguer, si on les voit les uns auprès des autres. Le roux de la tête est plus vif, plus uniteinte chez la Gambra; le dos de la Perdrix rouge est d'un fauve plus clair et plus finement pointillé; le brun de la Bartavelle est plus foncé sur la tête et le dos, tandis que ses parties isabelles sont plus blanches; le poussin de la perdrix rouge est celui qui diffère le plus de ses deux congénères; celui de la Gambra pourrait être considéré comme l'intermédiaire. Nous espérons que nos planches sont suffisantes pour faire apprécier ces différences; cette figure est dessinée d'après un poussin de deux ou trois jours.

Le nid est à terre dans une petite cavité garnie de quelques brins d'herbes sèches. La ponte est de quinze à dix-huit œufs; les petits, aussitôt délivrés de la coquille, suivent la mère, qui les entoure d'une extrême sollicitude, se livrant à des feintes et des manœuvres pour attirer sur elle-même le danger qui menace sa couvée; dans les premiers jours, les poussins s'élancent sur les moucherons et les insectes, plus tard, leur nourriture devient plus végétale et ils préfèrent les petites baies, les grains et les bourgeons. Lorsque les petits sont parvenus à la moitié de leur taille et commencent à

voler, le mâle vient se joindre à la petite famille et ils restent tous
en compagnie jusqu'à la fin de l'hiver.

La Perdrix rouge affectionne les pays accidentés et entrecoupés de
bois, de champs cultivés, de bruyères ou de vignobles ; la culture
exclusive des céréales l'a fait disparaître de plusieurs localités de nos
environs où elle était autrefois sédentaire, et elle émigre des parties
du Perche où les haies se trouvent défrichées.

Revue et Mag. de Zoologie, (1868.) Pl. 2.

Alb. Marchand del et lith.   Imp. Langlois, à Chartres

Perdix Graeca.

(Revue et Mag. de Zoologie, 1868, pl. 2.)

PERDIX GRÆCA, Briss.

PERDRIX BARTAVELLE.

Greek Partridge. — Stein-Huhn. — Coturnice.

Duvet d'un blanc faiblement roussâtre en dessous, et sur la tête
et le dos d'un brun assombri par de menues taches noires formant
l'extrémité du duvet ; bandes blanchâtres sur le dos ; un trait noir en
arrière de l'œil ; bec et pieds d'un gris jaunâtre. Le poussin qui nous
a servi de type est un jeune de trois ou quatre jours, reçu de Grèce,
et capturé le 17 juillet ; chez un autre poussin, à peine sorti de
l'œuf, le bouton blanc couvre la moitié de la partie cornée de la
mandibule supérieure, et nous en possédons un troisième d'une
douzaine de jours, dont les plumes des ailes sont développées. Le
poussin de la Bartavelle a les bandes du dos plus foncées que celles
de la jeune Perdrix rouge et par suite les bandes blanches se détachent
plus nettement sur le brun fauve ; le dessus de la tête est d'un roux
plus assombri de points noirs que chez le poussin de la Gambra.

La femelle niche au milieu des pierres ou des buissons des montagnes ; elle creuse, en grattant, un petit enfoncement, le couvre
d'herbes et de feuilles, et y dépose de douze à dix-huit œufs ; les
petits sont accompagnés avec sollicitude par leurs parents.

Voir une planche représentant la Bartavelle avec ses poussins dans
les *Uccelli che nidif. in Lombardia*, tav. 94.

Limosa Cinerea.

LIMOSA CINEREA, Degl.

BARGE TÉREK.

Terek Godwit. — Aschgraue Uferschnepfe. — Piro-Piro becco torto.

La tête et les parties supérieures couvertes d'un duvet laineux gris cendré, semé de points noirs ; une bande noire sur la tête, partant de la naissance du bec, peu visible sur la nuque, s'élargissant sur le milieu du dos et s'arrêtant à la naissance de la queue ; une étroite bande noire traversant l'œil ; le duvet est plus soyeux et d'un blanc faiblement lavé de roussâtre sur les joues, la gorge, la poitrine et le ventre. Le bec légèrement retroussé et les trois doigts réunis par une membrane, assurent l'authenticité de notre poussin, dont le bec est brunâtre et les pieds jaunâtres ; il peut avoir vécu cinq ou six jours, et nous provient d'Archangel. La Barge Térek niche au milieu des herbes, et sa ponte est de quatre œufs. M. Vian a donné la description de ce duvet dans une intéressante notice insérée dans la *Revue Zoologique,* année 1862, p. 369, et accompagnée d'une figure, Pl. 15, fig. 1.

La nature du duvet de la *Térékie cendrée* la rapprocherait des Chevaliers et l'éloignerait des *Bécasseaux* et des *Bécassines,* dont les poussins portent un duvet parsemé de houppes blanches. Nous ne connaissons pas le duvet des véritables Barges, qui se rapprochent des Bécasseaux par les teintes rousses de leur plumage d'été, et nous ignorons si la nature de leur premier vêtement présente une affinité de plus entre ces oiseaux ; si les poussins des Barges ont leur duvet surmonté de houppes blanches, ce caractère fournirait un nouvel argument aux auteurs qui en ont séparé génériquement la Térékie cendrée.

Revue et Mag. de Zoologie.(1868)

Pl. 5.

Alb. Marchand del. et Lith.

Lith. J. Langlois à Chartres

Glareola Pratincola.

(Revue et Mag. de Zoologie, 1868, pl. 5.)

GLAREOLA PRATINCOLA, Leach.

GLARÉOLE A COLLIER.

Collared Pratincole. — Gemeine Steppenschwalbe. — Pernice di Mare.

Duvet épais, laineux, court, plus soyeux sous le ventre; varié de fauve clair et de noir sur toutes les parties supérieures; jaune nankin sur le devant du cou, les joues, la poitrine et le ventre; une petite tache de nankin roux sur le front à la naissance du bec; bec noir, bouton blanc, pieds grisâtres; d'après un poussin de deux ou trois jours, reçu de M. Ed. Fairmaire, comme ayant été capturé dans les environs de Tunis le 22 mai 1867.

M. Crespon dit (*Ornith. du Gard*) que les Glaréoles se réunissent en société pour leur reproduction, et que les nids sont à terre dans les endroits secs, mais peu éloignés des marécages et des étangs salés. C'est, d'après lui, sous des salicornes ligneuses qu'elles creusent, avec leurs pieds, un nid peu profond recouvert de quelques brins d'herbes sèches sur lesquelles la femelle pond deux ou trois œufs, quelquefois quatre suivant d'autres auteurs.

C'est avec toute vraisemblance que ces oiseaux peuvent être rangés parmi les Précoces; d'ailleurs, cette supposition, à l'appui de laquelle nous n'avons pas trouvé de témoignage positif, est autorisée par leur mode même de nourriture, car il n'y a que les jeunes consommateurs d'insectes ou de végétaux qui puissent quitter le nid dès leur naissance pour chasser sur la terre ou sur les eaux, tandis qu'il serait inadmissible que les jeunes rapaces, par exemple, pussent se procurer, par eux-mêmes, la plus minime partie de leur pâture quotidienne.

Revue et Mag. de Zoologie, (1868.) Pl. 3.

Alb. Marchand, del et Lith. imp. J. Langlois, à Chartres

Gallinula Baillonii.

(*Revue et Mag. de Zoologie*, 1868, pl. 3.)

GALLINULA BAILLONII, Tem.

POULE D'EAU BAILLON.

Baillon's Crake. — Zwerg-Rohrhuhn. — Schiribilla Grigiata.

Duvet épais, soyeux, noir avec des reflets verts et violets; bec blanc tirant légèrement sur le jaune; pieds d'un beau noir. Cette jeune poule d'eau, d'un ou deux jours, a été dénichée, le 20 juin 1867, dans un marais des environs de Nantes, par M. le Dr Louis Bureau, qui a pu constater que c'était une jeune G. Baillonii : elle se tenait debout et nageait avec une grande facilité.

Le nid, caché au milieu des joncs, est formé de plantes aquatiques et recouvert de quelques roseaux repliés qui le dérobent aux regards; la ponte est de six à huit œufs; les petits s'échappent du nid quand ils sont sortis de l'œuf.

Nous devons à l'obligeance de M. Bureau la communication de ce Poussin, qu'il est difficile de se procurer, ainsi que les indications sur la couleur du bec et des pieds à l'état vivant. M. Degland dit (*Ornith. Europ.*) qu'en naissant les jeunes ont le bec d'un vert pur; celui que nous avons dessiné était monté depuis un mois, et n'avait pas conservé de traces de vert; nous nous en rapportons au témoignage de M. Bureau d'ailleurs confirmé par M. Lemetteil qui dit que les Poussins éclosent avec le bec blanc. (*Cat. des Ois. de la Seine-Inférieure*, t. II, p. 290.)

M. Yarrell donne une vignette du jeune en duvet de la Poule d'eau Poussin. (*Brit. Birds*, 3e édit.)

Pl. 4

Gallinula Crex.

Revue et Mag. de Zoologie, 1868, pl. 4.

GALLINULA CREX, Lath.

POULE D'EAU DE GENET.

LANDRAIL. — WIESEN-KNARRER. — RE DI QUAGLIA.

Duvet épais, soyeux, d'un noir brun avec reflets violacés ; le duvet est plus clair entre le bec et l'œil mais ne laisse aucune partie dénudée ; bec noir, bouton brillant et pieds brunâtres chez l'oiseau en collection. Notre poussin est de deux ou trois jours, nous l'avons reçu de M. Deloche, qui a eu occasion de se procurer plusieurs nichées dans les environs d'Angers.

Le nid est à terre dans les prairies naturelles ou artificielles, et même dans les blés au milieu des plaines ; il se compose d'un petit enfoncement garni d'herbes et de mousse. La ponte est de sept à dix œufs ; l'incubation dure trois semaines ; les pousssins mangent seuls dès la sortie de l'œuf, et ils courent si bien qu'ils sont fort difficiles à saisir ; cependant on assure qu'ils ne volent pas avant six semaines.

Quand la femelle couve, le mâle fait entendre, au moment du crépuscule, des cris répétés et d'un ton très-sec, qui ont effrayé souvent les paysans en leur faisant croire à la présence d'un être surnaturel, parce que ces oiseaux, inquiets pour leur nid, suivent l'importun visiteur en poussant leurs cris très-près de lui et tout en sachant se tenir invisibles.

Revue et Mag. de Zoologie, (1868.)   Pl. 6.

Charadrius Minor.

(Revue et Mag. de Zoologie, 1868, pl. 6.)

CHARADRIUS MINOR, Tem.

PETIT PLUVIER A COLLIER.

Little Ringed Plover. — Fluss-Regenpfeifer. — Corriere Piccolo.

Duvet soyeux, d'un blanc pur en dessous; front d'un blanc faiblement roussâtre; dessus de la tête et dos variés de blanc, de noir et de roux vif; la calotte limitée suivant une ligne reliant les deux yeux, et bordée de noir sur la nuque; trait noir traversant l'œil, un large collier d'un blanc pur sur le dessus du cou; quelques duvets noirs sur les côtés de la poitrine; manteau bordé de noir sur les régions lombaires; duvet noir à la queue; bec noir; pieds grisâtres. Cette planche est dessinée d'après des poussins de trois ou quatre jours, indiqués comme ayant été dénichés en Suède le 23 juin 1867. Le trait noir situé entre le bec et l'œil n'existe pas chez les poussins des deux espèces voisines.

Le Petit Pluvier à Collier niche quelquefois en France, plutôt sur les bords des fleuves que sur ceux de la mer. Sa ponte est de trois à quatre œufs déposés sur le sable. D'après M. Brehm, « les jeunes éclosent au bout de quinze à seize jours; dès qu'ils sont secs ils quittent le nid avec leurs parents qui leur témoignent la plus grande tendresse; au commencement, ceux-ci leur mettent les aliments dans le bec, mais, au bout de quelques jours, les jeunes les prennent eux-mêmes; dès le premier jour ils savent se cacher, et à trois semaines, d'après Naumann, ils pourraient se passer de leurs parents, avec lesquels ils restent cependant jusqu'à ce qu'ils soient complétement adultes. » (*Vie des Animaux*, édit. Z. Gerbe.)

Revue et Mag. de Zoologie, (1868)

Pl. 7

Anas Clypeata.

(Revue et Mag. de Zoologie, 1868, pl. 7.)

ANAS CLYPEATA, Linn.

CANARD SOUCHET.

SHOVELER. — LÖFFEL-ENTE. — MESTOLONE.

Duvet brun sur la tête et les parties supérieures, d'un gris roussâtre sur le devant et les côtés du cou et sur la poitrine, blanchâtre sous le ventre; une bande sourcilière d'un roux fauve, reparaissant en cercle au-dessous de l'œil; le brun traverse l'œil, et forme, au-dessous et en arrière de l'œil, une tache irrégulière que nous ne trouvons pas semblable chez d'autres poussins de Canards; taches du dos grisâtres; bec de la longueur de la tête, peu dilaté latéralement par rapport aux dimensions du bec de l'adulte; pieds d'un noir plombé; doigts accompagnés, sur les palmures, de bandes grisâtres. Nous avons dessiné cette planche d'après un poussin de trois ou quatre jours qui nous a été envoyé par M. Ed. Fairmaire.

Le Souchet niche communément en Hollande au milieu des roseaux qui bordent les eaux tranquilles. Sa ponte serait de dix à quatorze œufs. Nous trouvons dans la *Vie des Animaux*, de Brehm, que la durée de l'incubation serait, d'après Naumann, de vingt-deux à vingt-trois jours, et que la croissance des petits durerait environ quatre semaines, pendant lesquelles ils resteraient sous la conduite de leur mère.

M. Bailly dit que le bec des poussins est gros et large dès leur naissance, qu'il leur donne une physionomie curieuse, et qu'il semble les fatiguer par son poids, car ils le tiennent appliqué contre la poitrine dans leurs moments de repos (*Ornith. Sav.*): Yarrell a vu des jeunes Souchets éclos au jardin de la Société Zoologique de Londres; leurs becs n'étaient, d'après lui, ni plus longs, ni plus

larges que ceux des jeunes Canards domestiques, et ce n'est qu'au
bout de trois semaines qu'ils se sont considérablement élargis.

Revue et Mag. de Zoologie, (1868)   Pl 8

Fuligula Cristata.

(*Revue et Mag. de Zoologie*, 1868, pl. 8.)

FULIGULA CRISTATA, Steph.

CANARD MORILLON.

Tufted Duck. — Reiher-Ente. — Moretta Turca.

Duvet d'un brun olive très-foncé, plus pâle sur les côtés du cou et se dégradant sur la poitrine de façon à arriver au jaune sous le ventre ; les taches du dos invisibles dans les premiers jours ; dessus des yeux brun, et espace compris entre le bec et l'œil, très-foncé, ce qui le distingue facilement du *Ful. ferina*. Nous nous sommes servi pour cette planche d'un jeune de quatre ou cinq jours, et de deux autres exemplaires provenant du littoral des mers arctiques.

Le Morillon se reproduit sur les rives des étangs et des fleuves de la Russie européenne et asiatique ; la femelle s'occupe seule des soins de l'éducation de ses petits ; sa ponte est de huit ou dix œufs.

Cette fuligule a niché quatre fois au Jardin zoologique de Londres, dans le cours des années 1839 à 1845. (Yarrel, *Brit. Birds.*) Nous avons conservé pendant quinze ans une femelle de Morillon, qui s'était accouplée, en 1853, avec un mâle de Milouin ; sur les cinq œufs pondus, les petits étaient bien formés dans quatre, lorsque, malheureusement, elle cessa de couver.

Revue et Mag. de Zoologie, (1868.)

Pl. 9.

Charadrius Hiaticula.

(*Revue et Mag. de Zoologie*, 1868, pl. 9.)

CHARADRIUS HIATICULA, Linn.

GRAND PLUVIER A COLLIER.

Ringed Plover. — Sand-Regenpfeifer. — Corriere Grosso.

Duvet long et soyeux, d'un blanc pur en dessous, varié, sur la tête et le dos, de noir et de gris roussâtre; la calotte s'étend presque à la naissance du bec et jusqu'au bas de la nuque, où elle est bordée d'une bande noire qui se divise pour joindre l'œil et la joue; un collier blanc étroit sur la nuque; bec noir, pieds grisâtres. Les poussins du *C. Hiaticula* sont caractérisés par la calotte plus grande et le collier plus étroit que chez les jeunes *C. Cantianus* et *C. Minor*; d'après un poussin sortant de l'œuf provenant de l'île de Gothland; nous en possédons un autre de quelques jours, et un troisième d'une douzaine de jours, dont le duvet est plus ras sur les parties supérieures.

Ce Pluvier se reproduit en petit nombre sur les plages de nos départements du Nord et aussi en Camargue; il niche sur le sable nu des plages maritimes et des grands étangs ou dans un petit enfoncement entre les galets et les pierres. La ponte est de quatre œufs. Les poussins et les œufs sont fort difficiles à trouver, à cause de la similitude de leur couleur avec les objets environnants: les jeunes courent aussitôt éclos, et M. Bailly (*Ornith. Sav.*) dit qu'en les apercevant on les prendrait pour de petites souris. Le père et la mère prennent soin pendant longtemps de leur petite famille, car les poussins ne peuvent voler qu'au bout de cinq à six semaines. (Bouteille, *Ornith. du Dauphiné.*)

Charadrius Santiensis

(*Revue et Mag. de Zoologie*, 1868, pl. 10.)

CHARADRIUS CANTIANUS, Lath.

PLUVIER A COLLIER INTERROMPU.

KENTISH PLOVER. — SEE-REGENPFEIFER. — FRATINO.

Duvet blanc en dessous, varié de points noirs et blancs lavés de roux sur les parties supérieures ; front blanc, calotte commençant entre les yeux, descendant un peu sur la nuque ; un trait noir en arrière de l'œil, bordant la calotte sur les côtés ; large collier blanc sur le dessus du cou ; un peu de gris sur le côté de la poitrine ; bec et pieds brunâtres. Dessiné d'après un poussin d'une douzaine de jours, reçu d'Athènes, et dont les premières plumes commencent à poindre ; son bec et ses pieds sont très-développés ; nous croyons à l'authenticité de ce duvet, à cause de sa taille. Le poussin de ce Gravelot différerait de celui du *C. minor* par l'absence de bordure noire au bas de la nuque, du moins d'après notre exemplaire qui est le seul que nous ayons examiné.

Le Pluvier à Collier Interrompu se reproduit très-abondamment sur nos côtes de France ; il dépose trois œufs, quelquefois quatre sur le sable nu, entre les galets, les débris de coquillages ou parmi les herbes des dunes ; on peut rapporter aux mœurs de ses jeunes ce que nous avons dit de ceux du *Grand* et du *Petit Pluvier à Collier*. Chez les trois espèces le mâle et la femelle montrent une égale tendresse pour leurs petits.

Revue et Mag. de Zoologie, (1868)   Pl. 17.

Otis Tetrax.

(Revue et Mag. de Zoologie, 1868, pl. 17.)

OTIS TETRAX, Linn.

OUTARDE CANEPETIÈRE.

Little Bustard. — Zwerg-Trappe. — Gallina Prataiola.

Duvet court et épais, plus filiforme que celui du poussin de la grande Outarde; d'un jaune nankin très-clair, presque entièrement garni de taches brunes et fauves; le noir cerclant le fauve sur les taches de la tête et des joues; ventre blanc, roussâtre, sans taches; une petite place dénudée en arrière de l'œil; tête svelte, cou long, bec brunâtre, bouton apparent, tarses d'un gris brun. Ce poussin a cinq ou six jours, nous en devons l'aimable communication à M. Vian.

Depuis quelques années, les Canepetières se sont beaucoup multipliées dans nos plaines de la Beauce; toutes les jeunes se réunissent en bandes vers la fin d'août et nous quittent vers la fin de septembre, ou, au plus tard, aux premiers froids d'octobre; nous en avons compté jusqu'à quatre-vingts ensemble. Elles se tiennent alors dans les grands espaces découverts, et sont très-farouches; mais quelques sujets isolés sont tirés, chaque année, dans les betteraves et les prairies artificielles. Cette apparition d'Outardes a été également constatée, dans les environs de Troyes, par M. J. Ray, qui assure que le nombre de ces oiseaux augmente d'année en année dans les plaines de la Champagne.

Le 8 mai 1869, on nous apporta trois œufs de Canepetières trouvés dans un champ de luzerne sur notre commune de Berchères-l'Évêque; nous vimes ce nid, qui contenait un quatrième œuf brisé, ainsi qu'un second nid, abandonné par suite du fauchage, et renfermant également quatre œufs. Ces deux nids présentaient une excavation en forme de coupe de $0^m 04$ à $0^m 05$ de profondeur sur

0^m 20 de diamètre ; la terre y était fortement foulée, et le fond en était garni d'une couche de brins d'herbes vertes ; à l'extrémité du champ de luzerne, un mâle adulte s'envola devant nous. Au commencement de juin 1871, on nous apporta encore trois petits pris dans la même localité que les œufs, seulement cette pièce de terre se trouvait ensemencée en avoine très-peu élevée ; malheureusement nous étions en voyage, et nous ne pûmes les voir vivants, ils se refusèrent à prendre aucune nourriture, et ils figurent dans notre collection : ils peuvent avoir vécu quatre ou cinq jours avant leur capture.

Les jeunes nouvellement éclos poussent continuellement, comme les poussins des Gallinacés et de la plupart des Charadriens, de petits cris d'appel, ils sont excessivement gloutons, se jettent avec avidité sur les sauterelles, les criquets, et généralement sur tous les insectes, qu'ils avalent entiers quelle qu'en soit la taille. Ils mangent aussi, sans les dépecer, des vers de terre, des limaces, de petits escargots, et même de petites grenouilles et des souris. Un jour ou deux suffisent pour les rendre familiers. (Notes de M. J. Ray, citées par M. Gerbe. *Ornith. Eur.*)

Revue et Mag. de Zoologie. (1868)   Pl. 18.

Anser Leucopsis

(Revue et Mag. de Zoologie, 1868, pl. 18.)

ANSER LEUCOPSIS, Bechst.

OIE BERNACHE.

Bernicle Goose. — Weisswangige-Gans. — Oca Arborea [*].

Duvet soyeux, épais et très-allongé, d'un jaune de soufre verdâtre, gris à la racine ; dos gris cendré ; calotte, plastron et flancs des cuisses de même couleur ; les taches des scapulaires et des ailes jaunâtres ; les deux autres taches, à la naissance de la queue, d'un gris blanchâtre ; espace entre le bec et l'œil lavé de brun ; bec et pieds noirs ; yeux d'un noir bleuâtre ; la pupille un peu confondue avec l'iris. Dessiné d'après un Poussin de trois jours reconnu mâle, éclos sur le bord de notre pièce d'eau, le 15 juin 1868 ; la proprtion de notre planche est moitié de la nature. En 1870, nous avons élevé une couvée de quatre jeunes, deux mâles et deux femelles fort reconnaissables dès leur naissance, le duvet des mâles étant jaune-citron et celui des femelles d'un gris plus cendré. Toutes les Bernaches que nous avons eues en demi-domesticité étaient très-familières ; elles plaçaient leur nid, à découvert, dans l'herbe courte, près de l'eau, et la femelle le remplissait d'un monceau de duvet, qui augmentait chaque jour ; le mâle défendait ses Poussins avec une grande vigilance, au point de s'être jeté une fois sur une vache, qui le blessa d'un coup de corne ; la ponte a été, le plus souvent, de six œufs ; nous avons pris note d'une incubation qui dura selon notre appréciation du 28 mai au 22 juin, seulement il est difficile de préciser le jour où la femelle commença à couver, parce qu'elle se tenait presque constamment sur le nid pendant le temps de la ponte.

[*] *Stor. Degli Uccelli.*

A partir d'une dizaine de jours après leur naissance, les jeunes grossissent avec une prodigieuse rapidité, mais inégalement et sans que
le sexe en soit la cause, le dernier éclos étant de beaucoup le plus
petit; leur nourriture est exclusivement végétale, et ils paissent
sur les pelouses avec leurs parents; ils font entendre continuellement
un cri aigu et fort plaintif et se tiennent plus souvent à terre que sur
l'eau, bien qu'ils nagent avec aisance.

Les Bernaches nichent en grand nombre au Spitzberg; la ponte
est d'après les auteurs de six à neuf œufs.

Anas Clangula.

(Revue et Mag. de Zoologie, 1868, pl. 19.)

ANAS CLANGULA, Temm.

CANARD GARROT.

Golden Eye. — Schell-Ente. — Quattr'Occhi.

Tête, dessus du cou, dos, parties supérieures et flancs des cuisses, du tibia à la queue, brun foncé ; gorge et joues d'un blanc pur ; poitrine d'un gris se dégradant jusqu'au blanc du ventre ; les quatre taches du dos, arrondies et blanches ; deux bandes blanches sur les ailes. Dessiné d'après un Poussin d'une douzaine de jours, que notre planche réduit aux deux tiers.

Ce Canard niche dans les régions arctiques, sa ponte est de douze à quatorze œufs ; on assure qu'il place quelquefois son nid sur les arbres. Yarrell cite le témoignage de M. Hewitson qui a trouvé en Norvége un nid de Garrot sur un arbre, dans un trou antérieurement occupé par un grand Pic noir. Les Lapons placeraient des boîtes, avec une entrée communiquant avec les cavités de vieux arbres plantés sur les bords des rivières, et les Garrots préfèreraient ces trous d'arbres naturels ou artificiels, bien qu'on leur eût dérobé parfois des œufs.

M. Mèves décrit ce Poussin dans ses observations sur les oiseaux du Jemtland. (*Rev. Zool.*, 1864.)

Revue et Mag. de Zoologie, (1868)

Fuligula Marila.

(Revue et Mag. de Zoologie, 1868, pl. 20.)

FULIGULA MARILA, Degl.

CANARD MILOUINAN.

Scaup Duck. — Berg-Moorente. — Moretta Grigia.

Duvet d'un brun très-foncé, plus noir que chez le jeune F. Ferina,
et n'atteignant pas sous le ventre la même intensité de jaune ; joues
presque aussi foncées que les parties supérieures ; les taches arrondies
du dos invisibles, au moins dans les premiers jours. Nous possédons
trois exemplaires provenant de Suède et d'Irlande.

Cette espèce niche dans les régions arctiques ; sa ponte serait de
six à dix œufs, déposés presque sans nid au milieu d'un monceau de
duvet et cachés dans les roseaux des lacs salés ou des étangs d'eau
douce.

Les Milouinans, de même que les Milouins, sont au nombre des
espèces qui s'arrangent le mieux d'une demi-domesticité dans les
jardins, parce qu'elles se tiennent presque constamment sur l'eau,
et savent ainsi se soustraire à de nombreuses causes d'accidents.

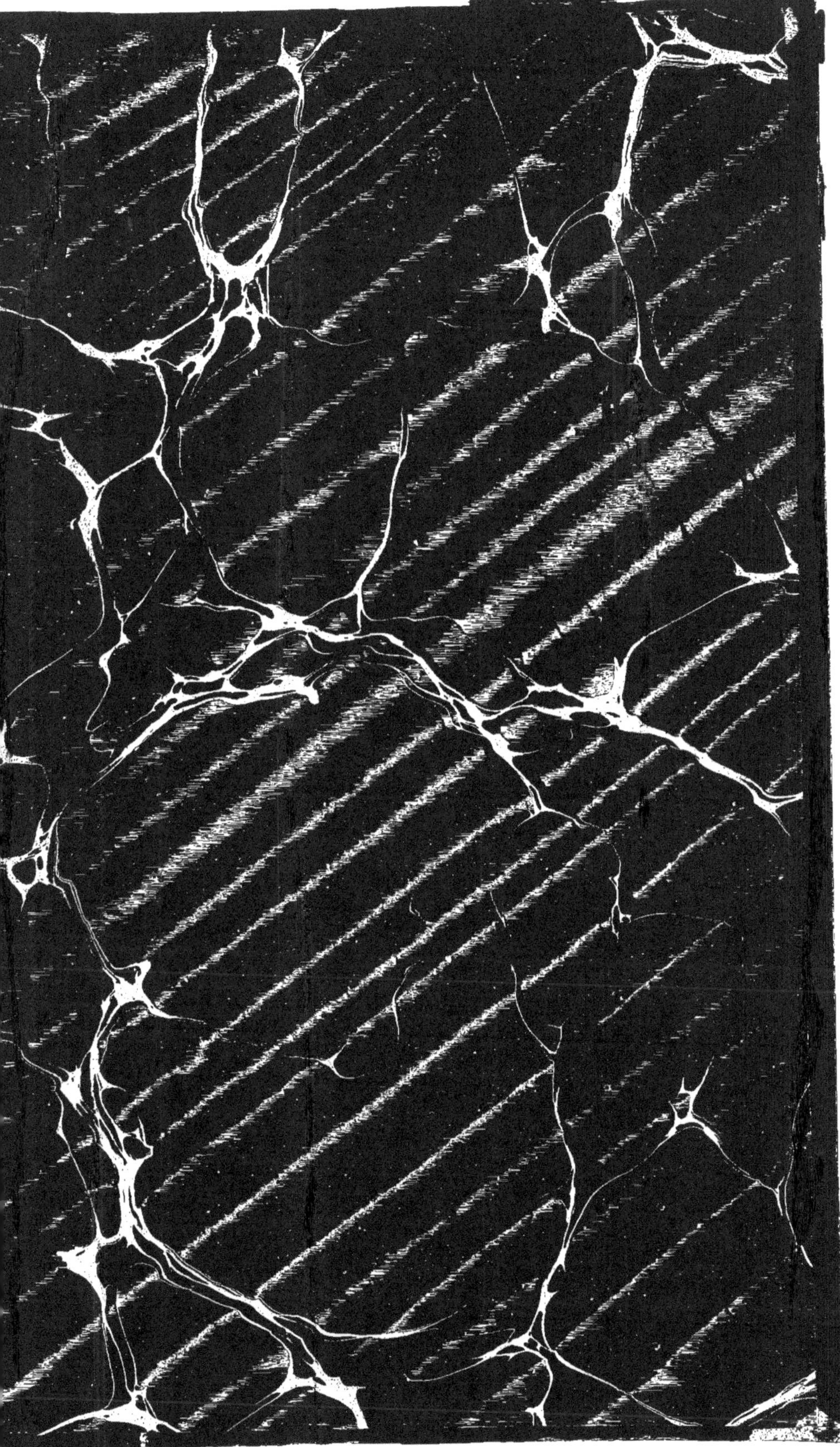

BIBLIOTHEQUE NATIONALE DE FRANCE

3 7531 03287410 0

www.ingramcontent.com/pod-product-compliance
Lightning Source LLC
Chambersburg PA
CBHW061307030726
47595CB00001B/245